Nuevas fuentes de energía:

El gran ejemplo de Venezuela

…Un espectro…

Ingeniero en Electrotecnia: Especialización

Automatización

M. Sc. Energías Renovables (Alemania)

Jorge Luis Torres Carrillo

Sobre el autor

Jorge Luis Torres Carrillo, nacido en San Cristóbal, Venezuela, en el año 1973, graduado en Ingeniería en electrotecnia con maestría en energías renovables en Alemania. Se ha desempeñado de manera activa al desarrollo de las energías renovables y la movilidad eléctrica en Latinoamérica, Alemania y Portugal, desde hace más de veinte años. Se describe como un intenso en soñar en grande para lograr metas con una única meta como profesión: promovedor y vendedor de ideas.

Ha vivido en: *New York, Caracas, Berlín, Kassel, Miami y ahora Oporto*, ciudades en donde ha cumplido labores tanto de consultor y proyectista, como también de emprendedor y gerente de ventas corporativo en prestigiosas empresas del sector sustentable. Su último desafío profesional lo está ejerciendo en el mundo de las plataformas digitales para apalancar y fomentar todo el conocimiento obtenido hacia la economía del internet.

Agradecimientos

Agradezco a mi esposa Gabriela V. y a mi hijo Luis M.

Agradezco a todas las personas de mente abierta que me han apoyado y guiado en este camino. También soy agradecido a mis errores: me han formado y fortalecido con sabiduría inconmensurable.

Agradezco a nuestro Poder Superior la gran motivación y energía que siempre me acompaña.

Autor: Jorge Luis Torres Carrillo

Obra: Nuevas fuentes de energía: El gran ejemplo de Venezuela …Un Espectro…

Sello: Amazon

© Jorge Luis Torres Carrillo, 2022

Reservados todos los derechos.

No se permite la reproducción total o parcial de esta obra, ni su incorporación a su sistema informático, ni su transmisión en cualquier forma o por cualquier medio (electrónico, mecánico, fotocopia, grabación u otros) sin autorización previa o escrita de los titulares del copyright. La infracción de dichos derechos puede constituir un delito contra la propiedad intelectual.

ISBN 9798355522018

Prólogo

Cuando conocí a Jorge Torres lo primero que percibí fue su gran pasión por lo que hacía: Era un gran apasionado por las energías renovables, estaba convencido y contagiaba a los demás con la posibilidad de transformar a Venezuela en otra, todo un reto. Se lo había prometido así mismo cuando partió, a los dieciséis años, rumbo a Alemania para estudiar algo que no tuviera que ver con Petróleo. Desde joven estaba en contra de lo que alimentaba a nuestro país, iba en contra de nuestro sistema, nuestra cultura petrolera, rica y abundante. Era un revolucionario de las energías renovables en su corazón, en el buen sentido de la palabra, tal vez por el hecho de provenir de los andes venezolanos: tierras difíciles de alcanzar, gente lejana, cerrada, pero bien firme, arriesgada y decidida.

Regreso a Venezuela en el 2005 cargado de Energía y con este estudio debajo del brazo, tocando puertas como cualquier otro ciudadano. Nadie lo conocía, toco puertas y converso con muchas personalidades que no confiaban en las renovables. Sin embargo, fue persistente, decidido y muy positivo, hasta al fin alguien lo escucho y le dieron una oportunidad que no dejo escapar. La agradeció y trabajo por los siguientes tres años por toda Venezuela, la recorrió en todas sus formas: sembró las primeras del mundo solar en las poblaciones rurales, no solo llevando energía sino además llevando agua potable. Sin embargo, quería más y para ello junto a mucha gente. Mayormente política para realizar su sueño de hacer una planta de pancles solares en país, luego fue más allá y comenzó un estudio de factibilidad del Silicio y, por último, los que todos de este sector deseaban, como un diamante que todos añoraban: un estudio de mediciones para elaborar el mapa eólico de la nación. Lo que este soñador nunca imaginó es que la mezquindad y la vulgar politiquería reinante, pues todos querían ser los primeros en ejecutar esto y la crisis financiera de 2008 lo alejarían de su meta. Y como muchos otros se convirtió en migrante. Su legado debía ser compartido porque aún es factible.

Gabriela Valentina Reyes Silva
Ingeniero y Autora Best Seller

Contáctame por Instagram:

@jorge_luis_torres_carrillo

Ing. M. Sc. Jorge Torres
Teléfono: + 49 151 57515132 (Alemania) /
+351910806204 (Portugal)
LinkedIn:
https://www.linkedin.com/in/jorgeluistorrescarrillo

**Jorge Torres en LinkedIn.
¡Por favor escanear el código QR!**

Contactame por correo electronico:

jorgeluistorrescarrillo@gmail.com

O escanea el QR

Índice

1. Introducción 13

2. La electricidad en Venezuela 15

   2.1 Historia del sistema eléctrico venezolano 15
      2.1.1 Antecedentes 15
      2.1.2 Situación actual del sistema eléctrico en Venezuela 27
      2.1.3 Sistema Eléctrico Nacional – SEN 29

   2.2 El sector autoabastecido 34

   2.3 Intercambio eléctrico internacional 34

   2.4 Situación actual de las energías renovables en Venezuela 36

3. Análisis energético de Venezuela, problemas y objetivos 39

   3.1 Generalidades 39

   3.2 Problemas demográficos 41

   3.3 Potencial energético para el sector turístico 42

   3.4 Problemas técnicos del abastecimiento energético en Venezuela 43

   3.5 Alto consumo eléctrico 46

   3.6 Objetivos 47

4. Experiencia práctica con energías renovables 49

   4.1 Energías renovables en Venezuela 49
      4.1.1 Energía geotérmica 49
      4.1.2 Energía solar 51
         4.1.2.1 El aprovechamiento directo de la energía solar 52
         4.1.2.2 El aprovechamiento indirecto de la energía solar 63

5. Estrategia de solución 75

   5.1 La evolución demográfica y la demanda de electricidad 75

   5.2 Estudio gubernamental sobre la demanda eléctrica de 2001 a 2020 76

5.3 Demanda futura de energía eléctrica 78
    5.3.1 Demanda futura de energía eléctrica del sector residencial 79
    5.3.2 Demanda futura de energía eléctrica del sector comercial y de servicios 80
    5.3.3 Demanda futura de energía eléctrica del sector industrial 81
    5.3.4 Demanda futura de energía eléctrica del sector de la administración pública y otros 82
    5.3.5 Evolución futura de las pérdidas 82

6. Los escenarios 85

6.1 Escenario de energía térmica e hidráulica (TeH) 85

6.2 Escenario de energías renovables (ER) 89
    6.2.1 Definición de los conceptos de potencial [Wiese 93] 90
    6.2.2 Estimación del potencial teórico en Venezuela 94
        6.2.2.1 Potenciales teóricos de la superficie para el aprovechamiento del potencial de la irradiación solar en Venezuela 94
        6.2.2.2 Determinación del potencial de áreas urbanizadas y libres 95
        6.2.2.3 Potenciales de las áreas libres utilizables con tecnología solar 99
        6.2.2.4 Potenciales técnicos de energía final 101
        6.2.2.5 Costos de una generación de energía solar, costos del sistema, costos específicos de la provisión de energía 105
    6.2.3 Generación de energía eólica en Venezuela 107
        6.2.3.1 Oferta teórica de energía aprovechable mediante tecnología eólica en Venezuela 108
        6.2.3.2 Potencial técnico de generación eléctrica en Venezuela 112
        6.2.3.3 Fundamentos técnicos, técnicas de aprovechamiento y su respectivo requerimiento de superficie 119
        6.2.3.4 Potenciales técnicos de generación eléctrica 123
        6.2.3.5 Costos de la generación de energía eólica 127
        6.2.3.6 Costos totales del sistema 129

6.3 Escenario de combinación de diversas fuentes de energía (CFE) 131
    6.3.1 Breve comparación 131
    6.3.2 Costos de la energía renovable y nivel de precios de energía 135
    6.3.3 Comparación de los potenciales de generación eléctrica bajo diferentes condiciones 138

6.3.4 Potenciales de energía final en Venezuela (2003-2050). 141
6.3.5 Costos de energía y nivel de precios en el escenario de combinación de fuentes de energía.. 145

7. Resumen 153

8. Referencias bibliográficas 157

9. Anexo 163

9.1 Lista de tablas 163

9.2 Lista de figuras 165

1. Introducción

En el transcurso de los últimos años, los países de las regiones más ricas del mundo han dedicado gran parte de su tiempo al tema del suministro eléctrico del futuro. Esto se debe principalmente a la creencia de que los combustibles fósiles se agotarán en este siglo. Varios institutos y organizaciones han planteado diversos escenarios para el abastecimiento eléctrico futuro de estos países. Todos estos escenarios contemplan un alto uso de energías renovables, especialmente como sustituto de los combustibles fósiles.

El análisis de las posibilidades y de las limitaciones de la oferta de energía renovable para países con grandes reservas de petróleo está ligado a una serie de obstáculos y es difícil de describir. Venezuela es un ejemplo de estos países petroleros. Sin embargo, el deficiente suministro eléctrico nacional provoca un cambio en la mentalidad del venezolano; las fallas eléctricas, la carencia del servicio y la obsolescencia de la red de cableados, son algunos ejemplos que demuestran que las energías renovables pueden ocupar un lugar en el suministro eléctrico de Venezuela.

El gobierno en el 2005 estaba buscando de manera perentoria una solución para las zonas rurales y urbanas. Así, se aspiraba lograr una pronta descentralización del abastecimiento energético en todas las poblaciones que no tengan acceso al sistema eléctrico nacional, o en otras que se vean afectadas frecuentemente por problemas en el suministro eléctrico.

En el marco de este estudio en donde se recopiló información con apoyo de varias instituciones públicas y privadas de Venezuela, así como también de Alemania y USA se presentó un método para calcular los eventuales potenciales técnicos de la energía eólica y solar en

Venezuela, para describir dos escenarios posibles que combinen las fuentes de energía para el suministro eléctrico de Venezuela hasta el año 2050.

Para lograr una descripción detallada de la situación problematizada se analiza, en primer lugar, el caso del suministro eléctrico en Venezuela hasta el año 2003. Los últimos años no han sido útiles para este estudio. Seguidamente se hace un análisis de las alternativas tecnológicas que podrían ser tomadas en cuenta a la hora de combinar fuentes de energía en el área de las energías renovables. Posteriormente se presenta, con base en los escenarios examinados, el análisis de costos esperado. Dado que además de los potenciales, los costos de generación eléctrica también son muy importantes, se analizan, describen y discuten igualmente los costos de las diferentes tecnologías en el marco de la situación tecnológica actual.

Aunque el análisis data a casi dos décadas atrás, aún sigue siendo vigente y podría estarlo dos décadas más en el caso de faltar una determinante colaboración entre muchos países para lograrlo. Venezuela con todos sus recursos sería un gran ejemplo para apoyar por todos los países nórdicos y vecinos, pues a más ahorro de petróleo en un país petrolero, el suministro de este recurso para otras industrias en el norte y en los países alrededor de Venezuela sería mayor y así más eficiente, como también más económico para el planeta. El compromiso para todas las naciones es y será laborar en torno a las tecnologías renovables, pensando en conjunto, para lograr este gran ejemplo a ser ejecutado en mi país natal. Tal y como se hizo con el apoyo tecnológico y financiero para la industria petrolera. Eso se muestra en este estudio de manera fácil y didáctica. El marco político debe ser propicio y fomentar atraer a los actores, pioneros e inversionistas.

Oporto, el 05 de septiembre de 2022   Jorge Torres

2. La electricidad en Venezuela
[MEM 04], [Lanzadera 04]

2.1 Historia del sistema eléctrico venezolano

2.1.1 Antecedentes

En el siglo XIX se utilizaron en Venezuela diversos procedimientos para el alumbrado: de la lámpara de aceite al farol de gas. No fue sino hasta que el ingeniero español Manuel De Montúfar introdujo el telégrafo eléctrico, que se inició la electrificación.

Con el apoyo del gobierno de José Tadeo Monagas (1856), el ingeniero Montúfar instaló la primera línea telegráfica entre las ciudades de Caracas y La Guaira.

En 1871, el obrero belga Zenobio Gramm construyó el primer dinamo para transformar la energía mecánica en eléctrica.

El 28 de octubre de 1873, el científico Vicente Marcano alumbró por primera vez la Plaza Bolívar de Caracas, con un equipo denominado "aparato de iluminación".

En noviembre de 1874, los alemanes Ernst y Jahnke iluminaron la estatua del Libertador Simón Bolívar, en la Plaza Bolívar de Caracas.

El 5 de julio de 1875, Ernst y Jahnke fueron de nuevo quienes mejoraron la iluminación ya existente de la Plaza Bolívar. Posteriormente, el gobierno venezolano adquirió un aparato de iluminación, para la enseñanza de la física en la Universidad de Caracas.

Figura 2.1: Así pudo haberse visto la iluminación de la Plaza Bolívar [Lanzadera 04]

El presidente Guzmán Blanco propició una rápida construcción y expansión del telégrafo en todo el país. A partir del año 1882 se contó con una interconexión telegráfica con el vecino país de Colombia.

El telegrafista venezolano Gerardo Borges presentó en el año 1881 el sistema telegráfico venezolano en el primer congreso mundial de electricidad en la ciudad de París. Este mismo personaje inauguró en 1882 la interconexión telefónica entre La Guaira y Caracas, con aparatos franceses.

En el año 1883, bajo el gobierno de Guzmán Blanco, se firmó un contrato con la compañía de teléfonos de Nueva Jersey (Estados Unidos), para construir una red de telefonía urbana para Caracas.

En 1882, durante un viaje a los Estados Unidos, el empresario venezolano Jaime Felipe Carrillo conoció al científico Thomas Alva Edison, quien instaló en aquel entonces el sistema de alumbrado público eléctrico de Nueva York. Esto interesó mucho a Carrillo, y al regreso de su viaje se propuso construir un sistema de alumbrado

2. La electricidad en Venezuela

en Maracaibo. En junio de 1888, luego de su regreso y para lograr su objetivo, firmó un contrato con las autoridades del Estado Zulia y regresó a Nueva York donde adquirió las máquinas y otros equipos necesarios.

Valencia, capital carabobeña, es la primera ciudad venezolana dotada de un sistema de alumbrado público en el año 1888, por iniciativa del General Hermógenes López, presidente provisional de Venezuela (1887-1888). El mismo fue puesto en funcionamiento por el estadounidense Michael Dooley, en septiembre de 1889. Tanto Maracaibo como Valencia utilizaban calderas de vapor alimentadas con carbón o leña, como fuerza motriz para la generación de electricidad.

El 4 de junio de 1889 se creó con socios en Maracaibo y en Nueva York, la empresa *The Maracaibo Electric Light*, que más tarde fue llamada "Energía Eléctrica de Venezuela" (ENELVEN). En ese mismo año se inauguró una segunda planta, que alumbraba ciertos edificios públicos y casas particulares con lámparas incandescentes.

En 1893, por encargo del gobierno, el empresario Emilio Mauri instaló un sistema de alumbrado eléctrico en Caracas, la capital. Fueron iluminados la Casa Amarilla, el Palacio Federal y la plaza interior del Capitolio.

En 1895, el ingeniero Carlos Alberto Lares creó otra red eléctrica local, en Mérida, una de las ciudades andinas más grandes de Venezuela. Así, paulatinamente ocurrió la electrificación de las ciudades venezolanas.

En 1891 se resolvió en Alemania el problema de las enormes pérdidas de energía que se producían al transportar energía eléctrica largas distancias. Un joven ingeniero venezolano, Ricardo Zuloaga Tovar, se documentó sobre este proceso y concibió un sistema hidroeléctrico para proveer a Caracas de un alumbrado más eficaz.

En 1895, Ricardo Zuloaga fundó la empresa La Electricidad de Caracas (ELECAR), con el propósito de "generar energía con las caídas de agua del río Guaire en los puntos El Encantado y Los Naranjos". Esta central hidroeléctrica fue la primera instalada en Latinoamérica y la segunda en todo el continente americano.

El 8 de agosto de 1897, durante la presidencia de Joaquín Crespo, entró en funcionamiento la planta El Encantado, cuyas turbinas, con una capacidad de 420 KW, eran movidas por las aguas del río Guaire.

Desde ese momento, La Electricidad de Caracas suministró energía eléctrica a las industrias de la capital: aserraderos mecánicos, jabonerías, molinos de maíz, tabacaleras, y la compañía de gas y electricidad.

En 1901, las capacidades de El Encantado eran insuficientes para atender la demanda eléctrica creciente, lo que llevó a la construcción de otra central hidroeléctrica, cerca de Los Naranjos.

Entre los años 1902 y 1908 se instalaron tres generadores de 375 kilovatios cada uno. Y así, a comienzos del siglo XX, se empezaron a iluminar las antiguas calles de carrozas de Caracas y otras ciudades; y las carrozas con caballos fueron sustituidas por los tranvías eléctricos.

En 1911 se puso en funcionamiento una nueva turbina de 400 kilovatios, en la planta El Encantado. La transmisión de energía se efectuaba a través de una línea a 5.000 voltios (5KV).

En ese entonces Caracas contaba con una población de 72.429 habitantes. En 1912, se creó la Compañía Anónima de Luz Eléctrica de Venezuela (CALEV) como sucesora de la antigua compañía de Gas y Luz Eléctrica, que existía desde 1881, propiedad del Sr. José María Fernández Feo.

2. La electricidad en Venezuela

Ya en 1926 existían plantas generadoras de electricidad en las principales ciudades del país: unas utilizaban generadores a vapor, gas o diesel, y otras eran carboeléctricas o hidroeléctricas. Pero todas tenían el mismo fin: generar electricidad y proporcionar confort.

El gobierno se abstuvo de reglamentar el proceso de electrificación, lo que ocasionó la proliferación de diferentes voltajes de generación y distribución, así como diferencias en la frecuencia eléctrica. En Caracas, Maracaibo y Barquisimeto ya existían empresas que se dedicaban exclusivamente al suministro de electricidad, mientras que en las otras poblaciones este servicio se encontraba en manos de empresas familiares o de pequeños proveedores privados.

Esto trajo como consecuencia que solo Caracas y las ciudades principales contasen con un suministro eléctrico las 24 horas del día, mientras el resto de las ciudades tenían el servicio limitado a 4 ó 10 horas diarias.

Las diferencias en cuanto a voltaje y frecuencia de las redes de las empresas locales no permitían la conexión entre ellas, e imposibilitaban la creación de una red nacional interconectada.

En 1947 Venezuela contaba con una capacidad instalada de 174.000 kilovatios, de los cuales 95.310 KW correspondían a las empresas petroleras, unos 40.000 a la Zona Metropolitana de Caracas, y los 36.740 KW restantes al resto del país. La población de Venezuela para el momento era de 4.700.000 habitantes.

En ese mismo año se fundó la Corporación Venezolana de Fomento (CVF).

La CVF suscribió en 1947 un contrato con la compañía de asesoría técnica, *Burns and Roe*, con el fin de determinar la demanda energética regional y nacional, y establecer pautas para el diseño de un sistema integral de producción, operación y distribución de energía eléctrica en Venezuela.

En marzo de 1949, la Sección de Energía Eléctrica del Ministerio de Fomento fue adscrita a la CVF, integrando así al gobierno en el desarrollo del servicio eléctrico. En vista del largo tiempo que requería el consultor Burns and Roe para publicar los resultados, y a fin de no detener el desarrollo del suministro eléctrico del país, la CVF otorgó créditos a varias empresas, a saber:

- C.A. Electricidad de Maracay
- C.A. Electricidad de Maturín
- C.A. Electricidad de Cumaná
- C.A. Electricidad de Valle de La Pascua
- C.A. Electricidad de Cabimas
- C.A. Servicio Público Luz y Fuerza Eléctrica del Tuy
- C.A. Luz y Fuerza Eléctrica del Tuy
- Utilidades Públicas de Cabimas
- C.A. Luz y Fuerza Eléctrica de Puerto Cabello
- Electricidad de Porlamar
- Electricidad de Perijá

Algunas empresas tuvieron dificultad en cancelar los créditos, y por ende debieron otorgarle acciones a la CVF. En 1949 la corporación absorbió a las siguientes compañías:

- C.A. Electricidad de Maracay
- C.A. Electricidad de Maturín

2. La electricidad en Venezuela

- C.A. Electricidad de Cumaná
- C.A. Electricidad de Valle de La Pascua
- C.A. Servicio Público Luz y Fuerza Eléctrica del Tuy
- Utilidades Públicas de Cabimas

Bajo el asesoramiento de Burns and Roe se diseñó un sistema eléctrico con una central hidroeléctrica en la península de La Cabrera, en el Lago de Valencia, con una capacidad inicial de 15.000 kilovatios (dos unidades de 7.500 kilovatios cada una). Además, se impulsó la construcción de 134 kilómetros de líneas de transmisión que alimentarían a Valencia, la Central Tacarigua, Güigüe, Maracay, Turmero, Villa de Cura y La Victoria; así como la remodelación de las redes de distribución.

La construcción del sistema eléctrico se inició en 1948, siendo necesaria la adquisición de empresas privadas. En 1951 ya se había instalado una capacidad de 30.000 kilovatios.

En 1952, cuando se inauguró en Caracas la primera planta de televisión, la electricidad fue un factor imprescindible para el desarrollo de este medio de comunicación.

En octubre de 1958 se creó la Compañía Anónima de Administración y Fomento Eléctrico (CADAFE), la empresa eléctrica del estado venezolano, que desde 1959 entró en el Registro Mercantil para servirle a ciudades y a poblaciones rurales con el lema: "CADAFE llega donde VENEZUELA llega".

Entretanto, la Corporación Venezolana de Fomento (CVF) se esforzaba por asumir la dirección y la operación de quince empresas de electricidad dependientes del Estado, que estaban repartidas en todo el país.

En 1959, el presidente Rómulo Betancourt impulsó de forma decidida la electrificación del país. Así se promovió la construcción de centrales hidroeléctricas y plantas termoeléctricas en Puerto Cabello, Guanta, La Fría, Punto Fijo, El Zulia (Las Morochas), Bolívar (Macagua I), y muchos otros lugares.

A finales de 1959 se inauguraron las centrales de La Mariposa y La Cabrera, y se elevó el voltaje de las líneas y las subestaciones a 115 KV. La CVF fomentó las obras en la central hidroeléctrica Macagua I, con una capacidad instalada de 370.000 kilovatios.

A comienzos de los años sesenta, se creó la Corporación Venezolana de Guayana (CVG), organismo que reemplazó al Instituto del Hierro y el Acero. La CVG tenía por objetivo el desarrollo integral de la región de Guayana, la más rica en minerales de Venezuela. En 1961 y mediante un decreto del gobierno, se trasladó una sección de la CVF a la CVG. Así, se le traspasó a la CVG la responsabilidad del aprovechamiento hidroeléctrico del río Caroní.

En agosto de 1963, estando ya Macagua I en operación, el Banco Mundial otorgó un crédito para el desarrollo de la represa del Guri sobre el río Caroní. La Corporación Venezolana de Guayana creó la empresa filial Electrificación del Caroní C.A., (EDELCA), lo que constituyó un hito importante en el desarrollo de la nación. Durante los años sesenta se produjeron una serie de acontecimientos en el desarrollo eléctrico de Venezuela:

- Revisión del plan nacional de electricidad
- Cambio de frecuencia a 60 ciclos (60 hertz) en la región central. Creación de CAFRECA para emprender el cambio de frecuencia en el área metropolitana de Caracas

2. La electricidad en Venezuela 23

- Se concreta la interconexión Macagua-Santa Teresa (230 KV), con la firma de convenios entre CADAFE, EDELCA y ELECAR
- Puesta en servicio de Macagua I, el primer gran desarrollo sobre el río Caroní, con 370.000 kilovatios
- Inicio de la construcción de la represa del Guri, segundo gran desarrollo sobre el río Caroní

En 1968, las empresas CADAFE y ELECAR firmaron un convenio que dio origen a la Oficina de Operación del Sistema Interconectado (OPSIS).

Una de las obras venezolanas más notables fue la central hidroeléctrica Raúl Leoni, construida en la cuenca del río Caroní, con una capacidad de 10.000.000 kilovatios (10 GW), la cual represaba el río Caroní en el embalse del Guri. Igualmente se construyeron otras grandes centrales hidroeléctricas: Antonio Páez (Mérida-Barinas), Ruiz Pineda (Táchira), Rodríguez Domínguez (Portuguesa). Todas ellas generan actualmente 59 por ciento de la electricidad que se consume en el país.

Las obras de interconexión entre CADAFE y EDELCA en 1986; y CADAFE y ENELVEN en 1987, robustecieron el Sistema Interconectado Nacional. En 1989, los ministros de energía de Venezuela y Colombia firmaron un convenio que prevé la exportación de energía eléctrica al país vecino.

Año	1947	1954	1957	1967	1977	1981	1987	2002
Capacidad instalada MW	78,7	395,0	570,0	1.860,0	4.918,0	6.787,0	17.625,0	20.350,0
Generación GWh	300,0	938,9	2.005,0	7.060,0	20.264,0	35.055,0	50.206,0	87.405,48
Habitantes (millones)	4,7	5,9	6,5	8,8	12,1	14,2	18,3	25,09
Vatio/habitante	17,0	67,0	88,0	211,0	408,0	486,0	963,0	812,0
KWh/ habitante/año	64,0	159,0	308,0	802,0	1.681,0	2.469,0	2.748,0	3.350,0

Tabla 2.1: Datos sobre la electrificación en Venezuela. 1947-2002 [MEM 04]

En 1957, la capacidad instalada de las centrales eléctricas en Venezuela era de 570 MW, cifra que treinta años más tarde (1987) ya había llegado a los 17.625 MW.

La Figura 2.2 muestra claramente un incremento lineal de la capacidad instalada en Venezuela. Entre los años 1981 y 1987 se pusieron en servicio las centrales hidroeléctricas más grandes. Así, tan solo en este breve período, la capacidad instalada aumentó de 6.787 GW a 17.625 GW.

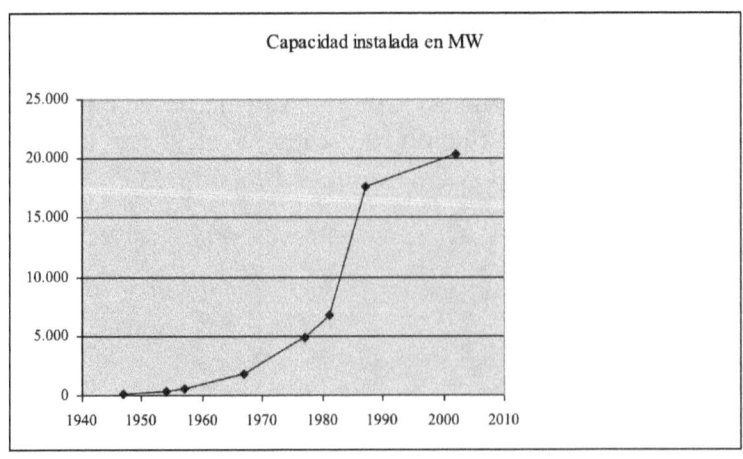

2. La electricidad en Venezuela

Figura 2.2: Capacidad instalada en Venezuela. 1947 - 2002

La Figura 2.3 muestra el gran incremento registrado en la generación eléctrica en GWh.

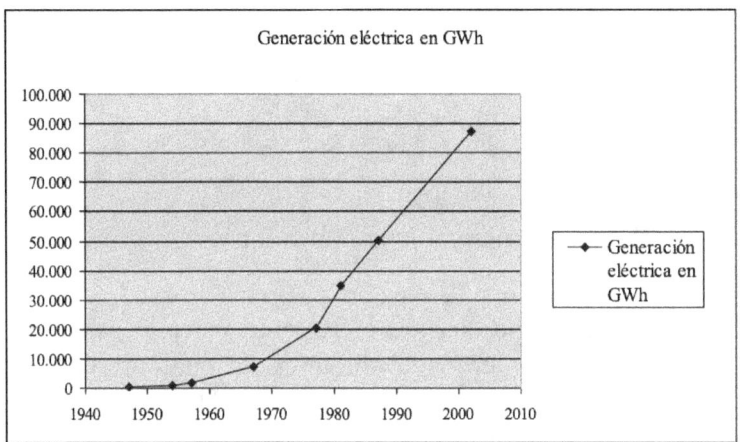

Figura 2.3: Generación eléctrica (GWh) en Venezuela. 1947-2002

En la Figura 2.4 se describe el crecimiento de la población en Venezuela. Se puede observar que desde el año 1947 la población se ha quintuplicado.

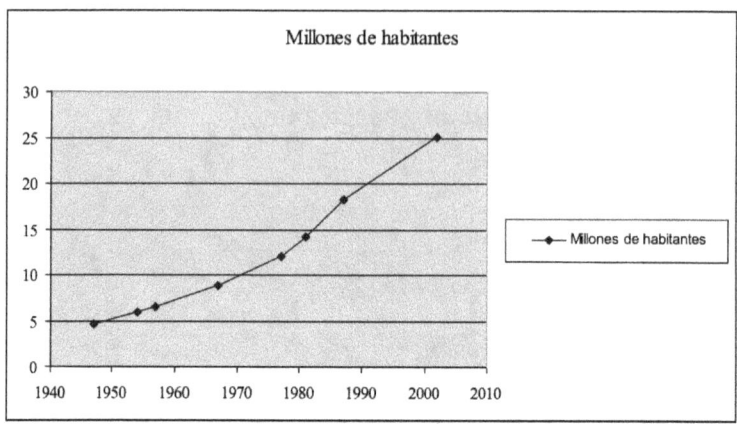

Figura 2.4: Crecimiento de la población en Venezuela. 1947-2002

En la Figura 2.5 se observa la relación entre la capacidad instalada y el número de habitantes, la cual presenta un crecimiento moderado entre los años 1947 a 1982, pero registra un aumento muy significativo entre 1982 y 1987, gracias a la culminación de la central hidroeléctrica del Guri. Posteriormente, se observa un aumento de la capacidad instalada relativamente más lento que el incremento de la población, la cual aumentó en 6,7 millones de habitantes entre los años 1987 y 2002.

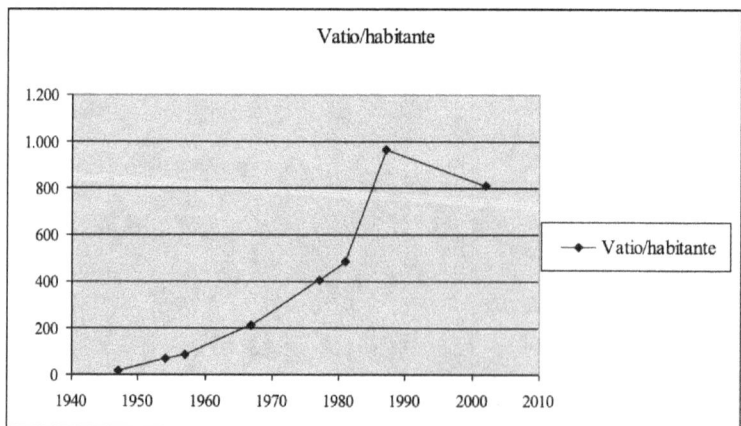

2. La electricidad en Venezuela

Figura 2.5: Representación de los vatios instalados por habitante en Venezuela. 1947 - 2002

En la Figura 2.6 se establece la relación de los KWh per cápita, generados anualmente. Desde comienzos de los años ochenta se observa una ligera disminución de la generación eléctrica per cápita, con lo cual entretanto se alcanzó un nivel que corresponde al de los países industrializados, como España o Italia.

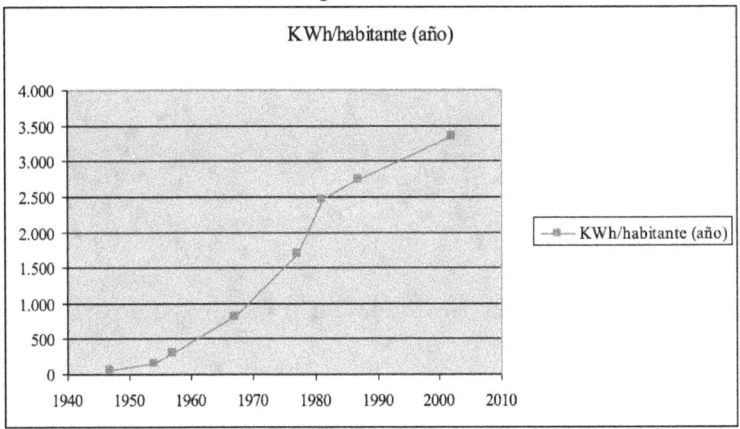

Figura 2.6: Representación de los KWh/habitante/año en Venezuela. 1947-2002

2.1.2 Situación actual del sistema eléctrico en Venezuela
Venezuela es uno de los países con el nivel de electrificación más alto en Latinoamérica. 94% de la población tiene acceso al sistema eléctrico. Esto se debe a los esfuerzos del Estado venezolano especialmente durante los años setenta y ochenta, así como a la contribución de empresas privadas.

El país posee una red eléctrica de alta tensión altamente desarrollada, con tensiones de 765 KV, 400 KV y 230 KV, que interconecta a los centros de generación eléctrica más importantes. Así los centros de consumo de energía en todo el país disponen de capacidad instalada y de energía.

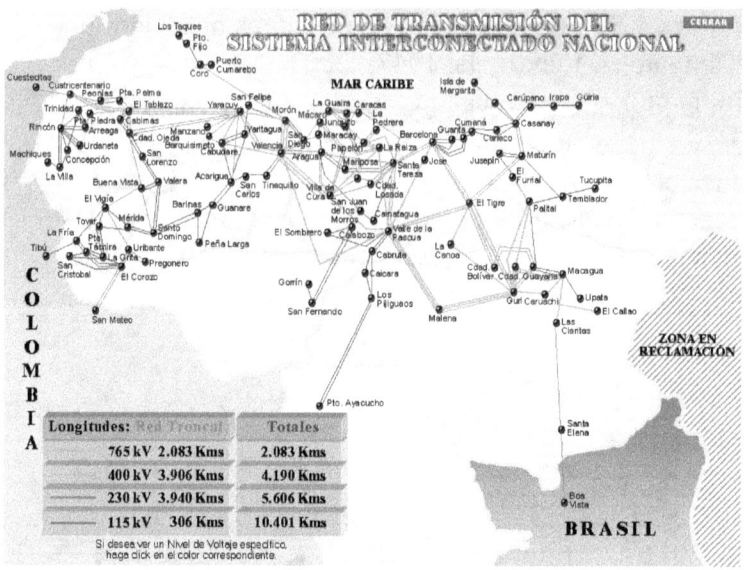

Figura 2.7: Red eléctrica de alta tensión de Venezuela [MEM 04]

Actualmente Venezuela posee una capacidad instalada de 18.906 MW en diferentes centrales eléctricas. Las centrales hidroeléctricas en el Bajo Caroní tienen una capacidad instalada aproximada de 12.500 MW, en las represas del Guri y Macagua. Una tercera central hidroeléctrica (Caruachi) se encuentra en etapa de construcción y añadirá aproximadamente 2.100 MW de capacidad instalada. Las dos centrales hidroeléctricas que se encuentran actualmente en funcionamiento cubren 70 por ciento de la demanda eléctrica nacional actual, y solo utilizan una pequeña parte del potencial total del río Caroní, estimado en más de 26.000 MW. Se estima que, en conjunto con otros ríos, el potencial hidroeléctrico nacional total de Venezuela alcanza los 46.000 MW. En la Figura 2.7 se muestra la red eléctrica de alta tensión de Venezuela.

El sector eléctrico en Venezuela tiene una estructura mixta: está formado por empresas públicas y privadas. Las

2. La electricidad en Venezuela

directrices establecidas por el Ministerio de Energía y Minas, como autoridad suprema en materia de energía, son válidas para todo el sector. El órgano ejecutante de dicho ministerio es la Dirección de Electricidad. En 1968 las tres compañías de energía más importantes firmaron el llamado "Contrato de Interconexión", el cual fue modificado en 1988, al sumarse la compañía ENELVEN a CADAFE, EDELCA y Electricidad de Caracas. El Estado venezolano trató de coordinar el establecimiento de un plan eléctrico nacional, pero estos esfuerzos no fueron sistemáticos.

Hasta ahora el crecimiento y la expansión del sector eléctrico se deben principalmente a las altas inversiones públicas. Esto es posible gracias a la llamada "siembra del petróleo". El Estado posee abundantes reservas de petróleo y puede invertir una parte de los ingresos petroleros en la expansión del sistema eléctrico. Así, el gobierno comenzó a explotar el gigantesco potencial hidroeléctrico del río Caroní, al igual que el de otros ríos más pequeños en la región occidental de Venezuela. Paralelamente, se utilizaron ingresos provenientes de la explotación petrolera para la construcción de una "autopista eléctrica" (765 KV de tensión) desde la región de Guayana hasta la región de Valencia, así como para la construcción de una red eléctrica de alta tensión de miles de kilómetros de longitud. En las centrales termoeléctricas se utiliza el fuel-oil pesado para generar electricidad.

2.1.3 Sistema Eléctrico Nacional – SEN

El Sistema Eléctrico Nacional SEN está integrado por las empresas del SIN (Sistema Interconectado Nacional) y otros distribuidores de electricidad.

Compañías del SIN (Sistema Interconectado Nacional)

Compañía Anónima de Administración y Fomento Eléctrico (CADAFE)

CADAFE le brinda su servicio de generación eléctrica a más de 2.300.000 de clientes. La compañía posee un parque de generación con una capacidad eléctrica total instalada de 3.619 MW. El mayor aporte a la capacidad instalada es generado por el Complejo Termoeléctrico del Centro (2.000 MW generados con fuel-oil por medio de turbinas de vapor). Una central hidroeléctrica de la región de Los Andes alcanza una máxima capacidad instalada de 620 MW. Además, CADAFE genera 999 MW por medio de turbinas de gas distribuidas en todo el país.

CADAFE posee una red eléctrica de alta tensión que trabaja con voltajes de 400 KV, 230 KV y 115 KV y distribuye electricidad principalmente al occidente y al centro de Venezuela.

C.V.G. Electrificación del Caroní, C.A. (EDELCA)

Esta empresa administra la gran central hidroeléctrica sobre el río Caroní, en el Estado Bolívar, en el este de Venezuela, la cual abastece a la región industrial de Guayana y con el excedente de la energía alimenta a la red nacional.

Hoy en día EDELCA genera 70 por ciento de la energía eléctrica consumida en toda Venezuela.

Hasta ahora EDELCA ha construido las siguientes centrales hidroeléctricas:

- Raúl Leoni (también llamada "Guri") con una capacidad instalada de 8.875 MW
- 23 de enero (también llamada "Macagua") con una capacidad instalada de 2.930 MW

Actualmente está en construcción la nueva planta, Caruachi, al sur de Raúl Leoni, la cual tendrá una capacidad instalada de 2.400 MW.

2. La electricidad en Venezuela

La empresa estatal EDELCA posee una red eléctrica de alta tensión de gran importancia para Venezuela, que trabaja con voltajes de 765 KV, 400 KV y 230 KV. Desde la región de Guayana pueden transmitirse grandes volúmenes de energía al centro y oeste de Venezuela a través de líneas y subestaciones.

C.A. La Electricidad de Caracas (EDC)

La EDC es una empresa privada con sede en la ciudad capital, Caracas (Área Metropolitana). Abastece a más de 1.100.000 de clientes y posee una capacidad instalada de 2.645 MW (principalmente centrales termoeléctricas).

La planta eléctrica Ricardo Zuloaga, con una capacidad instalada de 1.891 MW, es la segunda central termoeléctrica más grande de Venezuela. La EDC opera la planta Oscar Augusto Machado (450 MW), la central eléctrica de turbinas a gas más grande de Venezuela.

La EDC posee una red eléctrica de alta tensión en 230 KV y subestaciones de distribución.

Energía Eléctrica de Venezuela (ENELVEN)

ENELVEN tiene su sede en el occidente del país y abastece con sus empresas filiales a 520.000 clientes. La capacidad instalada de la empresa de 1.215 MW está constituida por centrales termoeléctricas entre las cuales destacan:

- Central termoeléctrica a gas Ramón Laguna con una capacidad instalada de 684 MW

- Central termoeléctrica a gas Rafael Urdaneta con una capacidad instalada de 398 MW

ENELVEN posee una red eléctrica de alta tensión en 138 KV y 230 KV.

Otras compañías que conforman el SEN

Además de las cuatro empresas mencionadas: CADAFE, EDELCA, EDC y ENELVEN, que conforman el SIN (Sistema Interconectado Nacional), el SEN (Sistema Eléctrico Nacional) está constituido por otras 16 compañías, a saber:

- Electricidad de Oriente C.A. (ELEORIENTE)
- Electricidad del Centro C.A. (ELECENTRO)
- Electricidad de Occidente C.A. (ELEOCCIDENTE)
- C.A. de Electricidad de los Andes (CADELA)
- C.A. Electricidad de Bolívar (ELEBOL)
- C.A. Luz y Fuerza Eléctricas de Puerto Cabello (CALIFE)
- C.A. Electricidad de Valencia (ELEVAL)
- C.A. Energía Eléctrica de Barquisimeto (ENELBAR)

2. La electricidad en Venezuela

- Sistema de Electrificación de Nueva Esparta C.A. (SENECA)
- Sistema Eléctrico de Monagas y Delta Amacuro C.A. (SEMDA)
- C.A. Luz Eléctrica de Venezuela (CALEV)
- C.A. Electricidad de Yaracuy (CALEY)
- C.A. La Electricidad de Guarenas y Guatire (ELEGGUA)
- ENELVEN Generadora C.A. (ENELGEN)
- ENELVEN Distribuidora C.A. (ENELDIS)
- Energía Eléctrica de la Costa Oriental del Lago (ENELCO)

La Tabla 2.2 muestra la participación porcentual en el consumo eléctrico total de las empresas que constituyen el SEN.

CONSUMO ELÉCTRICO POR EMPRESA Y TIPO DE CONSUMIDOR					
	Residencial	Comercial	Industrial	Otros	Total
EDC	4,15	3,73	2,04	0,68	10,60
Calev	1,56	1,64	0,81	0,61	4,62
Eleggua	0,36	0,19	0,43	0,05	1,03
Caley	0,18	0,06	0,07	0,05	0,36
Eleval	0,68	0,40	0,52	0,13	1,73
Calife	0,22	0,12	0,10	0,05	0,49
Elebol	0,38	0,03	0,08	0,12	0,61
Seneca	0,58	0,33	0,24	0,14	1,29
Enelven	5,39	2,04	2,86	0,46	10,75
Enelco	1,64	0,55	0,49	1,24	3,92
Enelbar	1,26	0,85	0,88	0,52	3,51
Cadafe	9,07	3,94	6,51	7,42	26,94
Edelca	-	-	28,88	5,27	34,15

Tabla 2.2: Participación porcentual de las diferentes empresas en el consumo eléctrico (2002)

2.2 El sector autoabastecido

El sector autoabastecido está formado por un grupo de empresas independientes de la red de abastecimiento de Venezuela. Según informaciones de CAVEINEL (Cámara Venezolana de la Industria Eléctrica), la capacidad instalada de este grupo asciende a 1.370 MW. Resaltan las siguientes empresas:

- Petróleos de Venezuela, S.A., con 450 MW
- GENEVAPCA (distribuidor independiente de energía de la industria petrolera), con 300 MW)
- TURBOVEN (distribuidor independiente de energía de la industria cercana a la capital), con 160 MW)

Adicionalmente existe una serie de industrias que poseen sus propias plantas para la generación de electricidad o que practican la cogeneración, entre las que figuran la industria del cemento y las empresas azucareras.

2.3 Intercambio eléctrico internacional

En la actualidad existen interconexiones de alta tensión entre Venezuela y Colombia en niveles de 115 KV y 230 KV, así como entre Venezuela y Brasil a 230 KV.

Actualmente no existe ningún convenio de intercambio de energía entre Venezuela y los países vecinos de Brasil y Colombia. Cuando se transfiere energía eléctrica, se hace por motivos de ayuda a países vecinos por una situación de emergencia o por razones económicas.

Las interconexiones a 230 KV de tensión son: Cuatricentenario-Cuestecitas, del Estado Zulia a Colombia; Corozo-San Mateo, de la región andina a Colombia; y Santa Elena-Boa Vista, de la región de Guayana a Brasil. La interconexión a 115 KV, La Fría-Tibú, va de la región andina a Colombia. (Véanse Figuras 2.8 a 2.10).

2. La electricidad en Venezuela

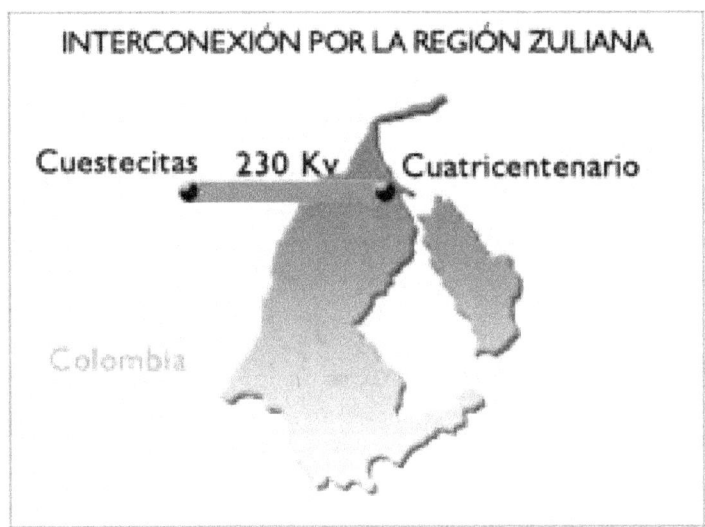

Figura 2.8: Interconexión de alta tensión con Colombia [MEM 04]

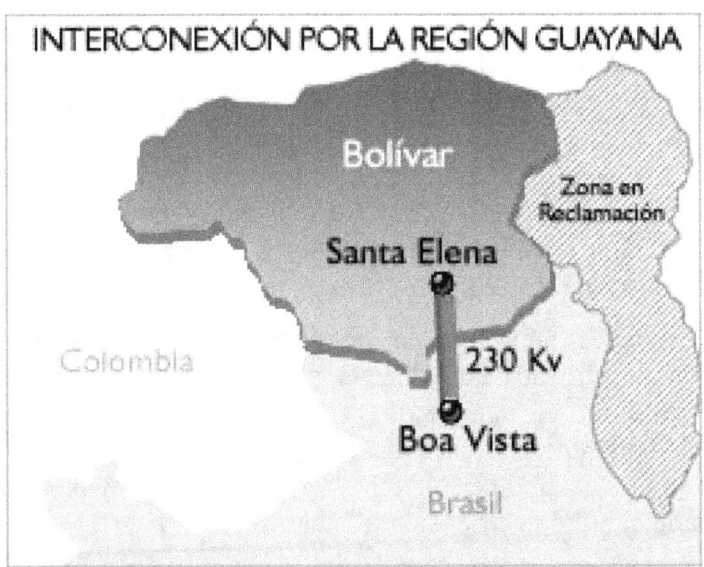

Figura 2.9: Interconexión de alta tensión con Brasil [MEM 04]

Figura 2.10: Interconexiones de alta tensión con Colombia

2.4 Situación actual de las energías renovables en Venezuela

Venezuela, un país con grandes reservas de combustibles fósiles, dispone asimismo de un gran potencial de fuentes de energía renovables, entre las cuales la hidroeléctrica es la más significativa. Por ello, constituye una excepción entre los países exportadores de petróleo, ya que tiene un puesto importante como proveedor de energía que además es sostenible en el tiempo, lo que le permitiría un buen desarrollo en el futuro.

La hidroelectricidad es la principal fuente de energía renovable utilizada actualmente en Venezuela, lo que lo convierte en el país andino con la mayor capacidad instalada de energía hidráulica. Al mismo tiempo posee el mayor potencial de desarrollo, con un 26 por ciento de capacidad hidroeléctrica no utilizada.

El escaso interés de Venezuela en el aprovechamiento de otras fuentes de energía renovables se evidencia al observar que hasta ahora son pocos los esfuerzos concretos

2. La electricidad en Venezuela

que se han emprendido en esta dirección. Sin embargo, son dignos de mencionar los siguientes proyectos:

- Biodigestor para la producción de biogás (Población de Pedraza en el Estado Barinas)
- Sistemas de energía solar (en la región del Amazonas y en el Estado Anzoátegui)
- Turbinas de viento (en la isla La Orchila)

Debido al bajo rendimiento que generan estos desarrollos, deben visualizarse más bien como proyectos de investigación sin propósitos comerciales. Asimismo, durante los años noventa se impartieron en Venezuela diversos seminarios sobre las diferentes fuentes de energía renovables, y sin embargo vemos que el método usado hasta el momento para generar energía sigue siendo el mismo.

El Ministerio de Energía y Minas venezolano creó un sistema de información sobre fuentes de energía renovables llamado SIFARE (Sistema de Informaciones de Fuentes Alternas de Energía) y un programa de educación, PRONDIFARE (Programa Nacional de Educación en Fuentes Alternas y Renovables de Energía). Otro estudio, que aún no se ha completado se ocupa del suministro energético de las zonas aisladas del país (pueblos aislados, islas y zonas fronterizas).

Con la ayuda de OLADE (Organización Latinoamericana de Energía) se realizaron ocho estudios de factibilidad en el Estado Bolívar relativos a microcentrales para la generación hidroeléctrica

Instagram: @jorge_luis_torres_carrillo

Contactame por correo electronico:

jorgeluistorrescarrillo@gmail.com

O escanea el QR

3. Análisis energético de Venezuela, problemas y objetivos

3.1 Generalidades

La superficie de Venezuela es de aproximadamente 912.000 km². El país se subdivide en cinco regiones:

- la costa
- la cuenca del Lago de Maracaibo
- Los Andes
- Los Llanos
- la zona montañosa de Guayana

Las reservas petroleras de Venezuela ascienden a casi 77 millardos de barriles (datos de PDVSA para 1999). Debido a su ubicación al noreste de Suramérica, el país tiene una posición muy favorable para la exportación de petróleo y de productos refinados hacia Europa y los Estados Unidos de América.

Con más de 80 años de explotación petrolera, Venezuela es uno de los países productores más antiguos del mundo. Ya en la creación de la OPEP (Organización de Países Exportadores de Petróleo) el país desempeñó un papel muy importante. Actualmente, Venezuela es el quinto mayor exportador entre los países de la OPEP, con una producción petrolera total de 2,8 millones de barriles diarios [Petroguia 03].

"En la era de la globalización, el desarrollo de Venezuela depende con más fuerza que nunca de la venta del petróleo en el mercado mundial. En este sentido, el papel de Venezuela en la OPEP, la influencia de las empresas extranjeras, y las nuevas tecnologías de explotación petrolera son factores importantes. Además, la economía petrolera está influenciada por las actividades de la empresa petrolera estatal, Petróleos de Venezuela S.A. (PDVSA), y por las condiciones marco de política interior." [Pachner02]

Según la opinión de algunos científicos, Venezuela ya excedió su cenit. Para no tener que importar petróleo a largo plazo, el país debería invertir en energías alternativas.

Recientes análisis califican a Venezuela de país emergente. Esto se debe a que el Producto Nacional Bruto (PNB) per cápita asciende a US$ 3.060, y no es comparable, por ejemplo, con países del continente africano como Tanzania (PNB per cápita US$ 90). A diferencia de los países en vías de desarrollo, Venezuela está electrificada en casi todo su territorio y tiene un consumo eléctrico per cápita realmente alto. Esto es atribuible principalmente a los esfuerzos del Estado y de la industria energética en las décadas pasadas.

Hoy en día, las condiciones para el desarrollo del sector eléctrico han cambiado. El aumento de la demanda, que cabe esperar como consecuencia del crecimiento demográfico e industrial, exige inversiones inmediatas a gran escala para garantizar la calidad y la seguridad del suministro eléctrico, así como el acceso a éste.

El país se enfrenta a dos problemas:

- La disminución de las inversiones públicas a causa de otros compromisos de Venezuela, que repercute de manera negativa en todo el sector.

- La carencia de instrumentos por parte del gobierno para controlar jurídica y económicamente el sector eléctrico, a pesar de la clara distribución de la competencia. (véase más arriba).

Para enfrentar estos problemas, el Estado comenzó a elaborar un "Plan Energético Nacional", el cual es un componente esencial del "Plan Económico" y tiene como

3. Análisis energético de Venezuela, problemas y objetivos

objetivo ofrecerle al país un suministro eléctrico a bajo costo y con la mayor calidad, que permita la óptima utilización de los recursos disponibles y que, al mismo tiempo, garantice continuidad, seguridad y eficiencia.

3.2 Problemas demográficos

El valor, en general relativamente alto del Producto Nacional Bruto per cápita venezolano, nos hace olvidarnos de un problema social grave en Venezuela: el ingreso está distribuido desigualmente, el 20 por ciento más rico de la población recibe 47 por ciento de los recursos totales, mientras que el 20 por ciento de los ciudadanos más pobres recibe solo 5 por ciento [Riutort 02]. Entre las regiones mencionadas anteriormente, en las cuales se divide Venezuela, también se observan diferencias notorias, debido a que los ricos viven a lo largo de la costa, lo que trae consigo una gran brecha social en todo el país.

Sin conexión al servicio eléctrico, la población pobre de Venezuela de las áreas rurales no cuenta con una base social para su desarrollo y emigra a la zona costera, preferentemente a las grandes ciudades. La escasa integración de estos nuevos ciudadanos que se asientan en los barrios de las grandes ciudades ocasiona una serie de problemas. Así se evidencia una vez más el importante papel del gobierno venezolano en asegurar no solo un abastecimiento de agua suficiente, sino también un suministro energético adecuado en las áreas rurales, para frenar así el éxodo rural.

La pobreza, una de las características de Venezuela, se ha incrementado cada vez más durante los últimos 20 años: aproximadamente 62 por ciento de la población de Venezuela vive al borde de la existencia [Riutort 02].

Al planificar el uso de las diferentes energías renovables (solar, eólica, biomasa, hidroeléctrica y geotérmica), se debe tomar en cuenta las diferencias y las cualidades específicas de las cinco regiones de Venezuela y desarrollar planes tendentes a lograr un buen aprovechamiento de los potenciales eléctricos.

Análisis del Consejo Latinoamericano de Electrificación Rural (CLER) revelaron que los campesinos que emigraron y ahora viven en los barrios pinchan las líneas eléctricas aéreas y se roban la electricidad de los proveedores de energía. Esto produce un gran malestar en los clientes registrados por cuanto, en general, los proveedores de servicio eléctrico les trasladan los costos de la porción de electricidad robada a quienes sí la cancelan.

Más de 26 por ciento de los casi 26 millones de venezolanos, independientemente del lugar donde vivan, carecen de los siguientes servicios públicos básicos: suministro de agua, teléfono y red de cloacas (Baños adecuados) [PNUD 02]. Es perentorio conseguir soluciones para la población venezolana que crece rápidamente.

Venezuela estableció como prioridad la electrificación de 1 millón de edificios residenciales. En las áreas rurales del país, más de 60 por ciento de los ingresos de los campesinos es gastado en baterías, las cuales se utilizan principalmente para el funcionamiento de radios [Varela 02].

3.3 Potencial energético para el sector turístico

Otra área problemática importante es la incipiente dispersión turística del país: el turismo aún se concentra en aproximadamente una docena de sitios. En el exterior, las mayores atracciones de Venezuela siguen siendo, sobre todo, los tepuyes y la caída de agua más alta del mundo (Salto Ángel de casi 1.000 m de altura). Debido a la falta de infraestructura, aún no ha sido posible dar a conocer otros potenciales atractivos turísticos, ni proyectarlos al mapa mental de los interesados [Pachner02]. Un suministro

3. Análisis energético de Venezuela, problemas y objetivos

suficiente de energía constituye un elemento determinante de la infraestructura.

3.4 Problemas técnicos del abastecimiento energético en Venezuela

Como ya se mencionó en el Capítulo 1, Venezuela es abastecida en aproximadamente 70 por ciento a través de centrales hidroeléctricas, y en aproximadamente 30 por ciento por medio de centrales termoeléctricas.

Este hecho muestra los dos problemas más relevantes del abastecimiento energético de Venezuela:

1. Por una parte, el petróleo barato en forma de materia prima dificulta la introducción de las tecnologías de energías renovables, que están limitadas tanto económica como técnicamente. A largo plazo, el petróleo no es una alternativa ecológica; a nivel local conduce a daños a la salud a causa de la contaminación, y su agotamiento incrementa la pobreza.

2. Por otra parte, el transporte de la energía eléctrica desde la represa del Guri hasta las poblaciones de la costa (distantes entre 1.000 y 1.600 km), donde vive casi el 90 por ciento de la población, es sumamente costoso y está unido a gastos elevados de planificación, construcción y mantenimiento. Las largas distancias ocasionan pérdidas en la red desde el punto de vista técnico, perdiéndose hasta 25 por ciento de la electricidad generada (véase Figura 3.1).

PÉRDIDAS ELÉCTRICAS EN DIFERENTES PAÍSES LATINOAMERICANOS (%) EN COMPARACIÓN CON ALEMANIA	
Alemania	4,0
Brasil	8,6
Perú	13,5
Chile	15,0
Ecuador	17,0
Argentina	19,1
Colombia	23,5
VENEZUELA	**25,1**

Figura 3.1: Pérdidas eléctricas en diferentes países de Latinoamérica (2002) [Labbe 02]

Otra problemática con respecto a la red ya existente, con la energía hidráulica del río Caroní como punto esencial, concierne a la dependencia climática: en el período de sequía durante los meses de noviembre a abril, la represa del Guri se seca parcialmente y se observa una reducción masiva del nivel del agua. Así, la energía potencial del agua disminuye y por consiguiente, también la generación eléctrica. Esto ocasiona un racionamiento temporal de energía eléctrica, incómodo para los clientes, al no poderse cubrir completamente la demanda de electricidad (véase Figura 3.2).

En este contexto se ofrecen alternativas de generación eléctrica, como una solución inteligente para cubrir los períodos pico de demanda. Las industrias y los clientes privados también están interesados en las nuevas compañías, lejos de los distribuidores de energía existentes para encontrar nuevas soluciones.

La Figura 3.2 muestra la dependencia de la mayor central eléctrica y de los proveedores de energía eléctrica más

3. Análisis energético de Venezuela, problemas y objetivos

importantes de Venezuela, de los factores climáticos descritos anteriormente. Una reducción del período de lluvia, y un alargamiento del período de sequía, tienen efectos directos en la cota del embalse y en consecuencia, también en la altura de la caída de agua. Si la cota del embalse disminuye por debajo de la zona de alarma dinámica, se iniciarán medidas para la reducción de la generación de energía y para evitar llegar a niveles operativos críticos.

Un „nivel crítico" es aquél que se ubica por debajo de los 248 m sobre el nivel del mar. Es el comienzo de la "zona de emergencia", en la que, debido a la baja capacidad, las autoridades deben racionar el suministro eléctrico. Por debajo de los 240 m se define la "zona de colapso", en la que se detienen 8 de las 20 turbinas, con lo que la generación eléctrica disminuye a 40 por ciento del valor actual.

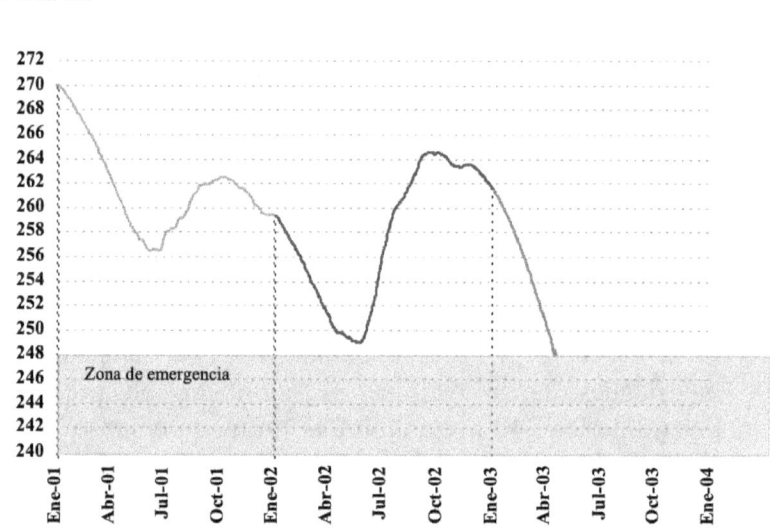

Figura 3.2: Problemática del nivel del agua en la central hidroeléctrica del Guri de enero de 2001 a mayo de 2003 [OPSIS 04]

3.5 Alto consumo eléctrico
[Labbe 02]

La Figura 3.3 muestra que, comparativamente hablando, Venezuela tiene un consumo de energía eléctrica per cápita casi tan alto como el de un desarrollado país europeo como Italia, y superior al de España. La población venezolana no ahorra electricidad: es necesario estimular a las personas a través de medidas educativas y formativas, a consumir energía de una manera más eficaz y ahorrativa.

3. Análisis energético de Venezuela, problemas y objetivos

CONSUMO PER CÁPITA (Miles de KWh/per cápita/año)	
EE UU	10,1
Francia	5,5
Italia	3,5
Alemania	3,4
VENEZUELA	**3,3**
España	3,0
Argentina	1,7
Chile	1,5
Colombia	1,2
Perú	0,6

Figura 3.3: Consumo per cápita de energía eléctrica en algunos países (Miles de KWh/per cápita/año) [Labbe 02]

3.6 Objetivos

Este trabajo analiza dos escenarios posibles para el abastecimiento de energía eléctrica en Venezuela: el primero conserva la combinación actual para el abastecimiento energético a partir de energía hidráulica y térmica, e investiga cómo repercuten el crecimiento demográfico y el aumento de la demanda de energía en la industria. El segundo evalúa una combinación entre el abastecimiento de energía existente hasta el momento actual, y un porcentaje de las nuevas energías renovables que están por venir.

Instagram: @jorge_luis_torres_carrillo

Ing. M. Sc. Jorge Torres
Teléfono: + 49 151 57515132 (Alemania) /
+351910806204 (Portugal)
LinkedIn:
https://www.linkedin.com/in/jorgeluistorrescarrillo

**Jorge Torres en LinkedIn.
¡Por favor escanear el código QR!**

4. Experiencia práctica con energías renovables

La experiencia de Venezuela con energías renovables se limita por el momento a la operación de centrales hidroeléctricas (véase Capítulo 2).

Existe un potencial enorme de aprovechamiento de estos recursos, razón por la cual, se hará primero referencia a la utilización de las posibles energías renovables y su respectivo potencial en Venezuela.

Luego se presentan las experiencias más importantes que han tenido otros países en el área de las tecnologías descritas. Para esto se recurrirá a ejemplos que permiten una comparación con las posibilidades de utilización de energías renovables en Venezuela.

4.1 Energías renovables en Venezuela

4.1.1 Energía geotérmica

La geotermia constituye el calor que emana del interior de la tierra, donde se tienen temperaturas entre 3.000 °C y 10.000 °C. Las causas de estas altas temperaturas son la desintegración de isótopos radioactivos del interior de la tierra y la energía liberada por ésta. El calor en la corteza terrestre es escaso, pero va aumentando rápidamente a mayor profundidad. El mejor ejemplo para percibirlo son las erupciones de los volcanes, o el efecto "isla caliente". A causa de las enormes diferencias de temperatura entre el interior de la tierra y la corteza terrestre, existe una corriente de calor constante de adentro hacia afuera que ha registrado en promedio 0,063 W/m^2 en la superficie. A nivel mundial, el contenido energético de esta corriente de calor se encuentra en el orden de la demanda global de energías primarias. Ahora bien, aún con el uso de una tecnología muy costosa, solo se puede aprovechar una parte del calor terrestre disponible.

En la actualidad, el calor terrestre es utilizado generalmente en las áreas con anomalías geotérmicas, es decir, donde aparecen altas temperaturas a bajas profundidades. La energía geotérmica puede ser utilizada en centrales geotermoeléctricas para generar energía eléctrica, o en centrales térmicas y eléctricas para obtener calor [Quaschning 03].

Venezuela no tiene ninguna experiencia en la utilización de la energía geotérmica, pero el Ministerio de Energía y Minas está interesado en utilizar este tipo de energía en el país. Es necesario realizar estudios que permitan identificar los lugares con un alto potencial de aprovechamiento geotérmico. En Venezuela hay varias localidades en las áreas aledañas a volcanes, donde se podría evaluar el uso de la geotermia.

Ejemplo: geotermia en Latinoamérica [Mexico 04]

País: México

Nombre del proyecto: varios proyectos

Período de ejecución del proyecto:

Capacidad instalada: 843 MW

Descripción del sistema: tres centrales: Cerro Prieto (730 MW), Los Azufres (88 MW), Los Humeros (25 MW)

Lugar: Baja California

Descripción: La viabilidad del aprovechamiento de este recurso energético dependerá del desarrollo tecnológico que permita el empleo de todo tipo de recursos geotérmicos: roca seca caliente del mar, desechos agrícolas y de los bosques. La Comisión Federal de Electricidad en México ejecuta proyectos de este tipo y ha constatado la presencia de distintos recursos termales en el país. Esta comisión ha realizado sondeos de investigación en algunos

4. Experiencia práctica con energías renovables

lugares como: Tres Vírgenes (Baja California Sur), Los Negritos (Michoacán) y Acoculco (Puebla).

Se estima que el potencial geotérmico de México en sistemas hidrotérmicos de alta entalpía (temperaturas por encima de los 180° C) permitiría producir por lo menos 2.400 MW. Algunos investigadores estimaron las reservas de sistemas hidrotérmicos de baja entalpía (temperaturas por debajo de los 180° C) en un mínimo de 20.000 MW.

México ocupa el tercer lugar mundial en cuanto a capacidad de generación de energía geotérmica, con 843 MW instalados en los campos de Cerro Prieto (730 MW), Los Azufres (88 MW) y Los Humeros (25 MW), cifra que representa 2 por ciento de la capacidad instalada pública. Actualmente se está realizando una ampliación de 107 MW en Los Azufres, y se está planificando otra de 55 MW en Los Humeros. Prácticamente no se conocen efectos negativos de los avances geotérmicos sobre el medio ambiente, y en los próximos años se espera una reducción de costos de esta tecnología a valores entre 0,03 US$/KWh y 0,05 US$/KWh, con lo que se hará además más competitiva.

4.1.2 Energía solar

El sol representa la mayor fuente de energía renovable. Anualmente, en la superficie terrestre incide una cantidad de energía de $39,10^{23}$ J = $10,8 \times 10^{18}$ KWh, proveniente del sol. Esa cantidad de energía excede las reservas energéticas disponibles actualmente y corresponde aproximadamente a 10.000 veces la demanda mundial de energías primarias. Solo 10 por ciento de esa energía solar cubriría la demanda de energía de la humanidad (véase Figura 4.1)

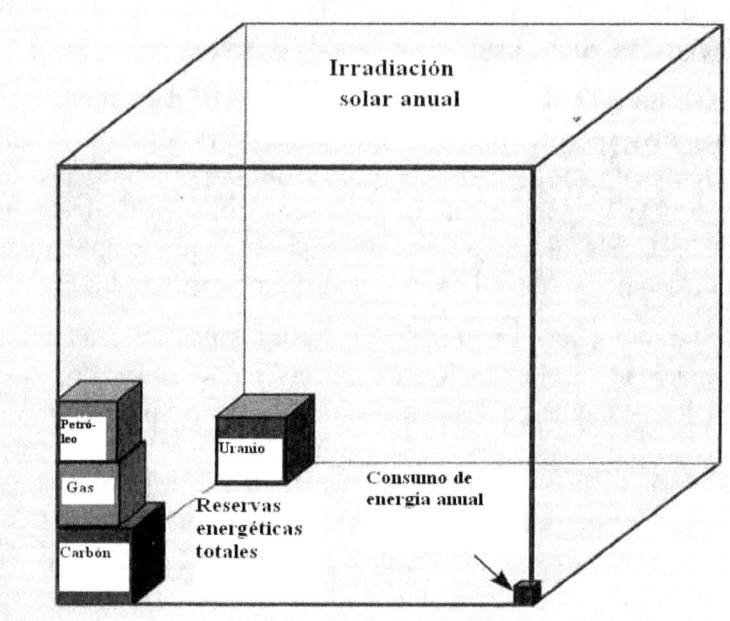

Figura 4.1.: Dado energético [Quaschning 03]

La irradiación solar anual es mucho más alta que el consumo de energía y todas las reservas energéticas [Quaschning 03]. Cuando se habla de energía solar se establece una diferencia entre el uso directo e indirecto de la energía solar.

4.1.2.1 El aprovechamiento directo de la energía solar

A través de ciertas instalaciones técnicas se logra un aprovechamiento directo de la irradiación solar. Para ello se emplean las siguientes técnicas de aprovechamiento de energía solar [Quaschning 03]:

- **Centrales eléctricas termosolares**

Estas centrales eléctricas son empleadas para generar electricidad o para obtener altas temperaturas. Estas centrales de generación eléctrica pueden ser de distintos

4. Experiencia práctica con energías renovables

tipos: centrales de colectores cilíndricos parabólicos, torres solares, chimeneas solares e instalaciones de disco parabólico.

- **Centrales de colectores cilíndricos parabólicos**

En la Figura 4.2 se muestra una planta de colectores cilíndricos parabólicos, o granja solar, en la cual se colocan espejos parabólicos paralelos unos con otros y con un sistema de seguimiento solar de un eje. Un tubo de absorción de vidrio y metal está ubicado en el foco del espejo, donde se concentra la luz solar desde el factor 60 hasta el 90. El tubo es llenado por un líquido portador de calor que absorbe y transporta este último. Actualmente, en las centrales se utiliza un aceite térmico de alta temperatura como líquido portador de calor, el cual es calentado hasta una temperatura de 390 °C. Con el aceite térmico caliente se evapora y recalienta agua por medio de un intercambiador de calor. En el futuro, las centrales evaporarán el agua directamente. El vapor es calentado a temperaturas entre 300 °C y 500 °C, a una presión entre 30 bares y 100 bares. En una turbina, el vapor se expande nuevamente y así la turbina acciona un generador eléctrico. Seguidamente, el vapor se condensa en una torre de enfriamiento, y por medio de una bomba es conducido nuevamente al intercambiador de calor (evaporador). Las centrales de colectores cilíndricos parabólicos que están en uso disponen todavía, en su mayoría, de un sistema auxiliar de calefacción de origen fósil, como el gas natural, para que en caso de que haya una irradiación solar insuficiente, la planta pueda seguir suministrando corriente eléctrica.

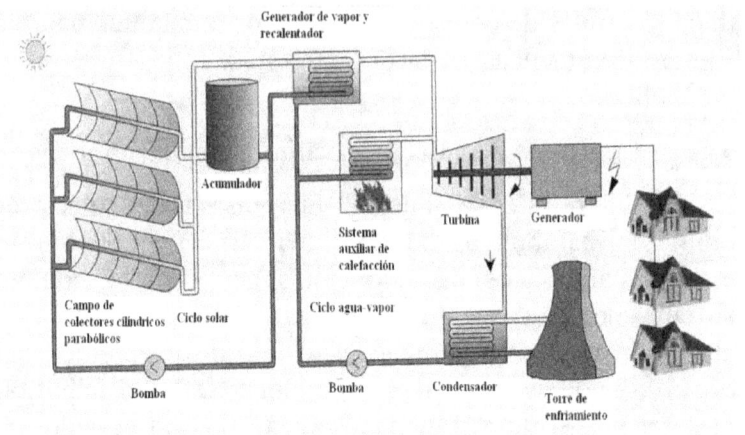

Figura 4.2.: Esquema de funcionamiento de una central de colectores cilíndricos parabólicos [Quaschning 03]

Entre 1984 y 1991 se pusieron en funcionamiento en California un total de nueve grandes granjas solares identificadas como SEGS I a SEGS IX (*Solar Electric Generation System*). Las centrales individuales tienen una potencia eléctrica nominal entre 13,8 MW y 80 MW. En la construcción de las centrales también participaron empresas europeas. Uno de los 184 canales de la central eléctrica SEGS VII está compuesto por 224 elementos, mide aproximadamente 6 m de ancho y 100 m de largo. El área de espejos asciende a 545 m² [Geyer 89]. El tubo de absorción en el punto focal tiene un diámetro de 70 mm y por medio de los espejos parabólicos se concentra aquí la luz solar en el factor 82. Los espejos de las centrales eléctricas anteriores son más pequeños y alcanzan factores de concentración inferiores. El nivel de rendimiento total de las centrales cuando funcionan únicamente mediante la energía solar oscila entre 4 y 16 por ciento. El nivel de rendimiento promedio de todo el año asciende a aproximadamente 10 por ciento.

- **Torres solares**

4. Experiencia práctica con energías renovables

En las torres solares la luz del sol es dirigida a través de un gran número de espejos con un sistema de seguimiento solar de dos ejes a un foco común que se encuentra en una torre. Con este sistema se pueden alcanzar temperaturas por encima de los 1.000 °C. Este calor puede ser utilizado en procesos industriales o para la generación eléctrica en una central eléctrica de vapor. En Estados Unidos y España se encuentran ejemplos de esta tecnología.

El horno solar es una instalación de espejos un poco distinta. En Odeillo, Francia, se encuentra una de estas instalaciones, que funciona como un laboratorio de medición: en una pendiente se colocó un gran número de espejos pequeños que reflejan la luz solar en un espejo cóncavo de 54 m de diámetro, en cuyo foco se encuentra un dispositivo de medida. Se alcanzan temperaturas de 4.000 °C que pueden ser utilizadas en experimentos o en procesos industriales. Otros hornos solares se encuentran en Almería (España) y en Colonia (Alemania).

- **Instalaciones de disco parabólico**

Una instalación de disco parabólico funciona de la siguiente manera: la luz igualmente es concentrada en un punto focal a través de un espejo cóncavo con la forma de un disco (en inglés, *Dish-Stirling*) y, al igual que en una central de torre solar, en el punto focal se encuentra un receptor. El núcleo de la instalación es un motor Stirling. Detrás del receptor puede haber un acumulador de calor, detrás del cual se encuentra el motor Stirling, que transforma el calor en energía mecánica y produce energía eléctrica por medio de un generador eléctrico.

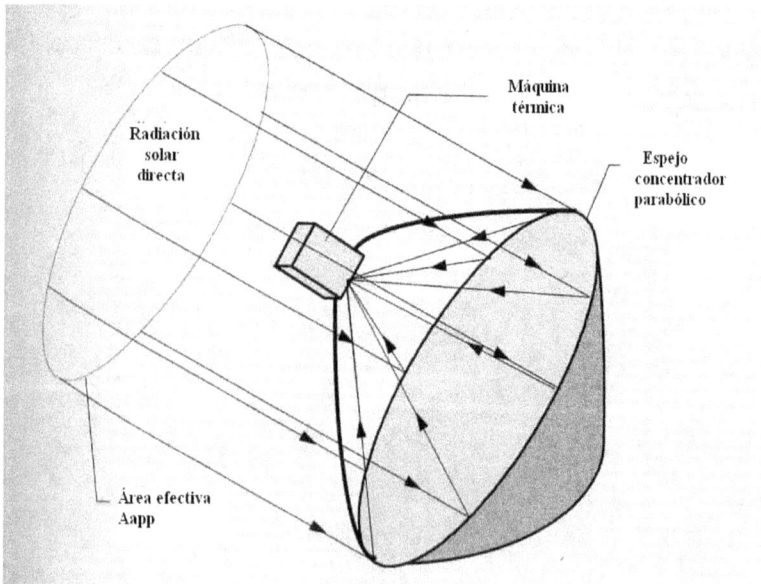

Figura 4.3.: Esquema de funcionamiento de una instalación de disco parabólico [Quaschning 03]

El espejo parabólico debe tener un sistema de seguimiento solar de dos ejes de gran precisión, capaz de recoger la luz solar y concentrarla bien en el centro de su punto focal,

4. Experiencia práctica con energías renovables

permitiendo de esa manera obtener una concentración de luz solar mil veces mayor.

Con un factor de concentración promedio de 4.000, la temperatura del receptor asciende a 680 °C [Schiel 90]. Cuanto más grande y pesado es el espejo, más difícil resulta el seguimiento exacto del sol, razón por la cual el espejo parabólico se compone, por lo general, de muchos espejos individuales.

Ya existen prototipos de este tipo de instalaciones, con potencias de hasta 50 KW, en España, Arabia Saudita y Estados Unidos. Una instalación de 9 KW con un concentrador de 7,5 m de diámetro posee un nivel de rendimiento del sistema de 21 por ciento.

- **Chimeneas solares**

La chimenea solar se diferencia considerablemente de las centrales eléctricas presentadas hasta ahora. En este tipo de central eléctrica se utiliza el aire calentado por el sol para producir energía, pero la luz solar no se concentra.

La chimenea solar funciona a través del calentamiento del aire. Sobre una gran superficie plana se fija un techo de vidrio. En la mitad de la superficie se sitúa una chimenea de gran altura, en dirección a la cual está levemente inclinado el techo de vidrio. El aire puede fluir sin problemas a los lados del enorme techo. El aire que se encuentra debajo del techo de vidrio asciende por efecto del calentamiento del sol y sigue la ligera pendiente del techo de vidrio para luego subir por la chimenea a una velocidad cada vez mayor. La energía de esta corriente de aire es aprovechada para accionar aeromotores que producen electricidad por medio de un generador eléctrico.

El suelo debajo del techo de vidrio puede acumular calor para que después de la puesta del sol la central eléctrica pueda continuar suministrando electricidad por cierto tiempo. Para esta central eléctrica se necesita un área extensa; para lograr un mayor rendimiento se requerirá una chimenea más alta y un techo de vidrio de mayor superficie. Según estiman los ingenieros, una instalación de 30 MW debería tener un área de colectores de 3,8 millones de metros cuadrados, equivalente a 760 campos de fútbol, y una torre de 750 m de altura [Becker 92]. En una central con estas características, el nivel de rendimiento del sistema sería de aproximadamente 1 por ciento.

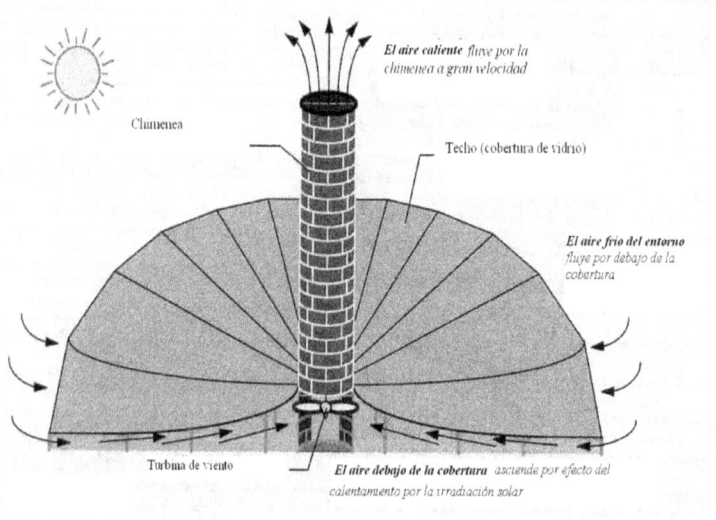

Figura 4.4.: Esquema de funcionamiento de la chimenea solar [Quaschning 03]

Como ejemplo se puede mencionar el prototipo de Manzanares, al sur de España. Esta chimenea solar fue construida a principio de los años ochenta con una potencia nominal de 50 KW; el techo de colectores tenía un diámetro promedio de 122 m y estaba ubicado a una altura de 1,85 m por encima del suelo. La chimenea tenía 195 m de altura y un diámetro de 5 m. La instalación fue desmantelada en 1988, luego de que la chimenea fuese derribada por una tormenta.

Existe un enorme potencial para centrales eléctricas termosolares en el mundo y, en teoría, éstas podrían cubrir sin problema la demanda total de energía del mundo entero. El precio de la energía depende naturalmente de la tecnología y del lugar. Debido a que para el funcionamiento de las instalaciones de espejos únicamente se puede aprovechar la luz solar directa, la mayoría de éstas solo se adecuan a regiones en las que el sol irradia durante muchas horas. No obstante, la chimenea solar constituye la excepción, ya que también puede funcionar con una irradiación difusa de luz solar.

- **Colectores solares para la producción de calor**

Las centrales termosolares pueden emplearse para la producción de calor de alta temperatura o para la generación de energía eléctrica. Igualmente pueden utilizarse para cubrir el requerimiento de calor de baja temperatura para la calefacción de locales o para el calentamiento del agua corriente. Los colectores para el calentamiento de esta última ya se han logrado difundir ampliamente en el mundo entero, mientras que las instalaciones de colectores para la calefacción de locales poseen una incipiente popularidad.

Las instalaciones de colectores hacen un uso activo de la energía solar, pero también es posible lo que se conoce como un aprovechamiento pasivo de la energía solar mediante edificios muy bien acondicionados, fachadas de vidrio bien planificadas, o la utilización del aislante térmico transparente. La combinación del aprovechamiento pasivo y activo de la energía solar posibilita la construcción de edificios de energía cero. Éstos son edificios que cubren su demanda de energía para la calefacción y el calentamiento del agua casi exclusivamente a partir del sol.

- **Energía solar fotovoltaica: celdas solares para la generación eléctrica**

La energía solar fotovoltaica constituye una tecnología muy prometedora para la generación de energía eléctrica a partir de la energía solar. Se obtiene energía eléctrica directamente de la luz solar por medio de celdas solares. La utilización en gran medida de la energía solar fotovoltaica no tiene mucho sentido, pues se producen muchos excedentes que harían necesaria una gran inversión en acumuladores. Lo adecuado sería utilizar una combinación de la energía solar fotovoltaica con otras energías renovables como la energía eólica, la energía hidráulica o la biomasa.

Ejemplos: Electrificación rural en Suramérica con energía solar fotovoltaica

Ejemplo 1:

País: Brasil

Nombre del proyecto: Consumo de energía adecuado en el sector agrícola del Estado de Minas Gerais

Período de ejecución del proyecto: 1994-2002

Lugar: Estado de Minas Gerais

Descripción: Un requisito primordial para el desarrollo en las áreas rurales en Brasil es un suministro eléctrico adecuado. Esto también rige para el estado fuertemente industrializado de Minas Gerais, el cual es responsable del 10 por ciento del Producto Interno Bruto de Brasil, ocupando el tercer lugar después de Río de Janeiro y São Paulo. Mientras que el grado de electrificación en las ciudades es de 99,8 por ciento, éste es considerablemente menor en las áreas rurales (65 por ciento): de

4. Experiencia práctica con energías renovables

aproximadamente 500.000 granjas, más de 185.000 no están conectadas al sistema eléctrico.

La GTZ (Agencia Alemana para la Cooperación Técnica) se asoció con la empresa proveedora de energía CEMIG (*Companhia Energética de Minas Gerais*) para investigar en el marco de un proyecto posibles vías para mejorar el suministro de energía en las áreas rurales. El objetivo no solo era incrementar la eficacia energética, sino también tomar en cuenta fuentes de energía renovables potenciales en todos los lugares donde éstas se justificasen como vías alternativas a las formas de energía convencionales. Uno de los propósitos principales del proyecto era el uso racional de la energía eléctrica con fines productivos y económicos. En el marco de dicho proyecto se seleccionó la región de *Vale do Jequitinhonha*, un valle que figura entre las regiones más pobres del estado y que tiene un grado de electrificación muy bajo. En el proyecto participó otro socio, a saber, la empresa agrícola EMATER-MG (*Empresa de Assistência Técnica de Extensão Rural do Estado de Minas Gerais*), cuyo personal fue instruido para garantizar que los agricultores recibieran la inducción correcta.

El proyecto conjunto entre CEMIG, EMATER-MG y GTZ goza de una gran aceptación entre los consumidores. Es así como 80 por ciento de los habitantes afectados por los proyectos piloto manifestó que su nivel de vida había mejorado. Gracias a la construcción de nuevas salas de máquinas y de nuevos sistemas de riego, los agricultores estuvieron en condición de aumentar su ingreso en 57 y 86 por ciento, respectivamente. En vista de estos resultados positivos, la CEMIG fomenta la difusión de otros sistemas siguiendo el ejemplo de los proyectos piloto. En más de 230 comunidades se construyeron salas de máquinas y en más de 200 pueblos se instalaron sistemas de riego. La empresa de suministro eléctrico también incluyó sistemas solares residenciales en su programa de electrificación.

Ejemplo 2:

País: México

Nombre del proyecto: Energía solar fotovoltaica para México

Período de ejecución del proyecto: 1998-2002

Lugar:

Descripción: El potencial de energía solar en México es uno de los más altos del mundo; aproximadamente tres cuartas partes del país son regiones con una irradiación solar diaria promedio de 5 KWh/m^2 y más.

La Comisión Nacional para el Ahorro de Energía (CONAE) ha señalado que en 2001 se instalaron en el país más de 115.000 m^2 de módulos solares en pequeños sistemas fotovoltaicos, los cuales generaron aproximadamente 8,4 GWh/año. Para 2012 se espera haber instalado 30 MW, al igual que un incremento de 18 GWh/año.

La Comisión Federal de Electricidad (CFE) prevé la construcción de otras centrales de energía eólica y de un generador diésel de 80 KW. Adicionalmente se tiene planificada la instalación de una central híbrida de ciclo combinado al noreste de México. La central tendrá una capacidad instalada de 39 MW de energía renovable. El Instituto de Investigaciones Eléctricas en el noreste del país instala pequeños sistemas fotovoltaicos (1,5 KW a 2 KW), con el objetivo de estudiar su influencia en el sistema eléctrico en función del comportamiento de la demanda.

Los costos relacionados con los sistemas fotovoltaicos se ubican entre US$ 3.500 y US$ 5.000 por KW instalado

4. Experiencia práctica con energías renovables

(dependiendo de la tecnología utilizada y de la conexión a la red). Un kilovatio hora generado por una fuente de energía renovable cuesta entre US$ 0,25 y US$ 1,5.

4.1.2.2 El aprovechamiento indirecto de la energía solar

En este caso, el calor solar, a partir de una transformación energética natural, se convierte en otras formas de energía como viento, agua de los ríos o crecimiento de las plantas. Estas formas indirectas de energía solar pueden ser aprovechadas mediante procesos tecnológicos. La energía hidráulica es una forma indirecta de energía solar. El agua de los mares se evapora a consecuencia de la irradiación solar; de allí que a grandes alturas ocurran precipitaciones y el agua se concentre en arroyos y ríos, para volver nuevamente al mar. A lo largo de este trayecto, las energías cinética y potencial del agua pueden ser aprovechadas a través de centrales eléctricas. Algunos ejemplos de las formas indirectas de energía solar son:

- **Energía hidráulica**

Las únicas formas de energía renovable que se emplean actualmente a gran escala son la energía hidráulica y la biomasa. En cuanto a la primera, en la Tabla 4.1 se pueden apreciar las diferencias en la utilización.

País	Noruega	Islandia	Austria	Suiza	Francia	Alemania	Países Bajos
Porcentaje	99%	90%	66%	54%	13%	4%	0,1%

País	Nicaragua	Cuba	Colombia	Bolivia	Paraguay	Venezuela	Uruguay	Brasil
Porcentaje	1,5%	0,1%	12,2%	17%	71,9%	70%	36,8%	14,8%

Tabla 4.1.: Porcentaje de energía hidráulica en la generación de electricidad de algunos países [DOE 02]; [ECLAC 04]

También en otros continentes existen grandes potenciales de energía hidráulica por utilizar o ya en explotación. La central hidroeléctrica de Itaipú, en la frontera entre Brasil y

Paraguay, tiene una capacidad total de 12,6 GW y es actualmente la central hidroeléctrica más grande del mundo, con una producción que asciende a 7,5 x 10^{10} KWh por año. Sus enormes dimensiones se muestran en la Tabla 4.2.

Embalse	Dique de contención	Conjunto de generadores
Área: 1.350 km²	Altura máxima: 196 m	Cantidad: 18 (9 de 50 Hz y 9 de 60 Hz)
Extensión: 170 km	Longitud total: 7.760 m	Potencia nominal: 715 MW c/u
Volumen: 29 billones de m³	Volumen de concreto: 8,1 MM m³	Peso: 3.343/3.242 TON c/u

Tabla 4.2.: Características técnicas de la central hidroeléctrica de Itaipú [Itaipú 96]

La central hidroeléctrica Raúl Leoni en Venezuela, también conocida como "Represa del Guri", se encuentra a 100 km al sur de la confluencia de los ríos Caroní y Orinoco. Sus 10 GW la convierten en la segunda mayor central hidroeléctrica del mundo, cuyas dimensiones se pueden observar en la Tabla 4.3.

Embalse	Dique de contención	Conjunto de generadores
Área: 800 km²	Altura máxima: 271 m	Cantidad: 20 (50 Hz c/u)
		Capacidad: 10 de 700 MVA y 10 de 185-230-360 MVA
Volumen: 17 MM m³	Volumen de concreto: 8,03 MM m³	

Tabla 4.3.: Características técnicas de la central hidroeléctrica del Guri (Venezuela) [OPSIS 04]

Las centrales hidroeléctricas de estas dimensiones suelen ser objeto de grandes controversias, debido a que representan una fuerte intervención permanente en la naturaleza y a que tienen una influencia muy negativa en las condiciones de la zona. El ejemplo más conocido es la

4. Experiencia práctica con energías renovables

represa de Asuán en Egipto, cuya construcción ocasionó el cese de las inundaciones a lo largo del Nilo. Éstas, que hasta entonces ocurrían regularmente en primavera, abastecían de agua y nutrientes a los terrenos utilizados con fines agrícolas. La irrigación artificial que fue necesario introducir, condujo a una salinización del suelo. Cada vez los rendimientos de las cosechas son menores e igualmente se observan fuertes cambios en la desembocadura del río.

Antes de construir centrales hidroeléctricas se deberían analizar cuidadosamente sus ventajas y desventajas. Una ventaja es que evita el efecto invernadero, ya que las centrales hidroeléctricas no producen emisiones de CO_2. Por ende, la mayoría de las veces se resta importancia a las graves desventajas locales. Las centrales hidroeléctricas pequeñas, que se integran mucho mejor a la naturaleza, representan una mejor alternativa, aunque su instalación produce claramente mayores costos totales.

En sus comienzos, la energía hidráulica era aprovechada solamente desde el punto de vista mecánico, por ejemplo, mediante molinos. La generación de electricidad por medio de la energía hidráulica comenzó a finales del siglo XIX, y hoy en día la tecnología en esta área ha madurado considerablemente. Mediante una turbina se extraen del agua energía potencial y cinética, con las que se acciona un generador que produce energía eléctrica. El uso de un determinado tipo de turbina depende de la altura de la caída del agua y del caudal del río. Se pueden utilizar turbinas Pelton, turbinas Francis o turbinas Kaplan. Además de la generación de energía eléctrica en las centrales de agua fluyente, también se han extendido ampliamente las llamadas centrales de bombeo para el almacenamiento de energía. En éstas se transporta agua por medio de una bomba a un embalse de acumulación localizado a mayor altura. En función de las necesidades, su energía potencial puede ser transformada nuevamente en energía eléctrica, mediante una turbina, al invertir el sentido del flujo de agua.

Las centrales eléctricas mareomotrices, por oleaje o por las corrientes marinas también utilizan la energía hidráulica, aún cuando casi no son empleadas debido a imponderables técnicos. Un plan para el aprovechamiento de la energía de las olas es el empleo de pequeñas centrales para abastecer de energía eléctrica a faros y señales marítimas. A mayor escala existen otros proyectos, que sin embargo no han podido llevarse a la práctica hasta ahora, debido a su vulnerabilidad ante grandes tormentas.

- **Producción de biomasa**

La energía solar posibilita el crecimiento de las plantas y con ello la vida en la Tierra. La reacción general

$$H_2O + CO_2 + \text{coadyuvantes} + \Delta E \longrightarrow C_k H_m O_n + H_2O + O_2 + \text{metabolitos} \longleftrightarrow \text{biomasa}$$

describe la producción de biomasa. Mediante la energía ΔE de la luz solar visible, en presencia de colorantes como la clorofila, se disocia el agua (H_2O) con la ayuda de la irradiación solar. Con el hidrógeno (H_2) y el dióxido de carbono (CO_2) del aire se forma la biomasa ($C_k H_m O_n$) y se libera oxígeno (O_2). Luego, la biomasa puede ser utilizada energéticamente de las formas más diversas. Normalmente, en este proceso se produce nuevamente CO_2; sin embargo, solo se libera la misma cantidad de CO_2 que la planta absorbió anteriormente del aire. La biomasa representa una fuente de energía renovable inocua para el clima, siempre y cuando se utilice tanta biomasa como la misma pueda reponerse naturalmente.

El nivel de rendimiento del aprovechamiento de energía proveniente de diferentes plantas se ha calculado, y a partir

4. Experiencia práctica con energías renovables

de allí se desprende qué porcentaje de energía solar se transforma en biomasa, lo que permite establecer comparaciones del aprovechamiento de la energía de biomasa con otras transformaciones de energía hechas por el hombre mediante la tecnología. Así, se estima que el nivel de rendimiento promedio de la producción total de biomasa es de aproximadamente 0,14%.

En la Tabla 4.4 se indican algunos niveles de rendimiento fuera de lo común logrados en la transformación energética de biomasa. Este nivel se calcula de la siguiente manera:

1. Primero se busca el poder calorífico de la biomasa obtenida, en un área y por un tiempo determinados.
2. Luego se divide este valor entre la energía solar irradiada sobre esta área en ese tiempo

Océanos	0,07%	Bosques	0,55%
Agua dulce	0,50%	Maíz	3,2%
Áreas cultivadas	0,30%	Caña de azúcar	4,8%
Pastizales	0,30%	Remolacha azucarera	5,4%

Tabla 4.4.: Niveles de rendimiento en la producción de biomasa [Kleemann 93]

Existen dos formas de aprovechamiento de energía de biomasa: el cultivo dirigido de plantas energéticas y la utilización de desechos orgánicos o de residuos agrícolas. Tan solo el potencial de madera, paja y otros residuos se calcula que alcanza aproximadamente un 4% del consumo final energético de Alemania. A principio de los años noventa, Dinamarca asumió un papel pionero en la construcción de centrales térmicas y eléctricas que funcionan con biomasa. Allí, hay centrales eléctricas descentralizadas que abastecen de electricidad y calefacción a ciudades pequeñas mediante combustibles de biomasa provenientes de residuos agrícolas de sus inmediaciones. Así se evitan los largos recorridos de transporte.

Combustible (libre de agua)	Poder calorífico (Hu)	Combustible (libre de agua)	Poder calorífico (Hu)
Paja (trigo)	17,3 MJ/kg	Caña chinesca	17,4 MJ/kg
Plantas verdes (trigo)	17,5 MJ/kg	Aceite de colza + EMC	37,1 MJ/kg
Madera sin corteza	18,5 MJ/kg	Etanol	26,9 MJ/kg
Corteza	19,5 MJ/kg	Metanol	19,5 MJ/kg
Madera con corteza	18,7 MJ/kg	Gasolina (para comparar)	43,5 MJ/kg

Tabla 4.5.: Poder calorífico de distintos combustibles y carburantes de biomasa [Fac 96]

Por lo general, a las plantas energéticas de rápido crecimiento como la caña chinesca o la colza se les atribuye un gran potencial. En Alemania cubren más de 5% de los requerimientos de energía primaria. La proporción mundial de biomasa en el abastecimiento de energía asciende a aproximadamente 10 por ciento; principalmente en países en vías de desarrollo se cubre hasta 90 por ciento de la demanda de energía por medio de biomasa. Sin embargo, en algunos de esos casos la biomasa no puede calificarse como fuente de energía renovable, ya que la cantidad de biomasa utilizada es mayor que la cantidad que se repone. En general, el costo del aprovechamiento de la biomasa mediante procesos tecnológicos es mayor que el correspondiente al uso de combustibles fósiles. Por esta razón no se visualiza el cultivo de una gran superficie de tierra para su aprovechamiento con tecnología, así como tampoco para la siembra masiva de caña de azúcar con la finalidad de producir alcohol para el funcionamiento de automóviles en Brasil.

Existen numerosas posibilidades de aprovechamiento de la biomasa mediante procesos tecnológicos: puede ser quemada para producir calor o electricidad, y además puede licuarse, gasificarse o fermentarse en alcohol en distintos procesos de transformación. La mayor ventaja de la biomasa es que su energía puede ser almacenada por mucho tiempo y puede ser utilizada según las necesidades, a diferencia de lo que ocurre con la energía solar directa o la energía eólica, cuya disponibilidad sufre altibajos. Por esta razón, en una industria energética basada principalmente en el uso de energías renovables, será la biomasa la que deberá garantizar una disponibilidad constante de energía.

Calor de baja temperatura

La irradiación solar produce el calentamiento de la superficie terrestre y de la atmósfera. Las corrientes de compensación que se originan debido al calentamiento irregular de las masas de aire y de las superficies pueden ser tecnológicamente aprovechadas utilizando la energía eólica (véase la sección correspondiente a energía eólica). El calor solar es almacenado en el suelo durante horas, días y hasta meses. Mediante la tecnología de las bombas de calor es posible aprovechar el calor de baja temperatura del suelo y del aire. Resulta muy difícil determinar el porcentaje respectivo de la energía solar y la geotérmica en el calor de baja temperatura.

El calor de baja temperatura puede ser utilizado según el principio de funcionamiento de una bomba de calor de compresión, representada en la Figura 4.5.

1. Mediante un compresor accionado por un motor eléctrico, de gas o de gasolina que hace las veces de una energía motriz externa, se comprime un fluido termoportador en estado de vapor a alta presión; de esta manera su temperatura se eleva considerablemente.

2. Al medio se le extrae calor a través de un condensador, y finalmente se licua de nuevo.

3. El calor a mayor temperatura se utiliza para la calefacción de locales o para el calentamiento de agua.
4. El medio, que se encuentra bajo presión, puede expandirse utilizando una válvula de expansión, y acceder finalmente al evaporador.
5. Mediante la entrada de calor proveniente de la fuente de calor, el medio se vuelve a evaporar. El ciclo se completa nuevamente en el compresor.

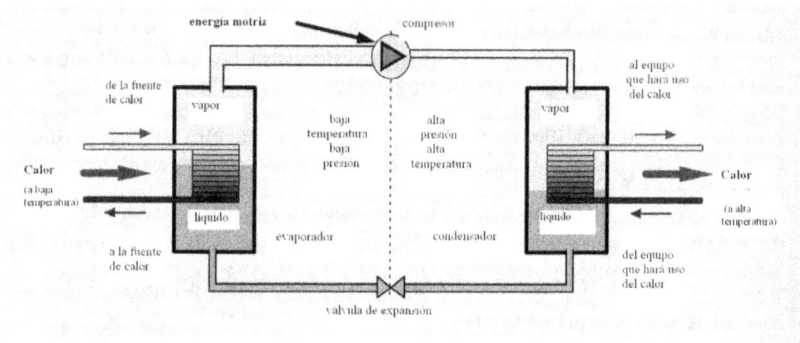

Figura 4.5.: Diagrama de una bomba de calor de compresión [Quaschning 03].

Incluso a temperaturas bajo 0 °C en la fuente, la bomba de calor puede proveer un nivel de calor utilizable bastante alto, dependiendo de la presión y del medio.

Hoy en día existen alternativas para no emplear el clorofluorocarbono (CFC), medio utilizado anteriormente que es dañino para el clima y para la capa de ozono.

Entre las fuentes de calor figuran, entre otras:
- Aire ambiente
- Suelo
- Agua subterránea

4. Experiencia práctica con energías renovables

La energía motriz W aportada al compresor es, por lo general, menor al calor útil Q_{ab} especificado. El índice de rendimiento calorífico

$$\varepsilon = \frac{|Q_{ab}|}{W} = \frac{|Q_{ab}|}{P}$$

describe la relación de las dos magnitudes. Según Carnot, el índice de rendimiento calorífico ideal ε_C de la bomba de calor resulta de la baja temperatura T_1 y la alta temperatura T_2:

$$\varepsilon_C = \frac{T_2}{T_2 - T_1}$$

Como resulta de esta ecuación, para obtener altas cifras de rendimiento, la diferencia entre las temperaturas debería ser pequeña, y la fuente de calor debería tener un nivel elevado de temperatura. Las cifras de rendimiento se ubican normalmente entre 2,5 y 4,0 en las bombas de calor eléctricas y entre 1,2 y 2,0 en las bombas de calor con motor a gas. La demanda de energía primaria de una calefacción con caldera de condensación a gas con un nivel de rendimiento cercano al 100 por ciento, es tan alta como la de una calefacción termodinámica con compresor eléctrico con una cifra de rendimiento de 3. La energía eléctrica que requiere la bomba de calor es generada a través de una central eléctrica convencional que, sin embargo, sólo posee un nivel de rendimiento de 33 por ciento.

Es posible producir el calor útil de manera inocua para el clima con la tecnología de una bomba de calor si la energía motriz es generada por fuentes de energía renovables. Por estas razones, la bomba de calor tiene buenas oportunidades de desarrollo a más largo plazo.

- **Energía eólica**

Hace más de 100 años la energía eólica ya desempeñaba un papel importante. Por ejemplo, numerosos molinos de viento con tecnología altamente desarrollada fueron utilizados para moler cereales o para bombear agua. En Norteamérica se utilizó el *Western Mill* en numerosas oportunidades para el bombeo de agua. Ahora bien, algunos aerogeneradores eran netamente mecánicos y solo recientemente adquirieron gran importancia en la generación de energía eléctrica. La energía cinética del viento es empleada como una tecnología madura para la producción de energía eléctrica. En el mercado se pueden encontrar aerogeneradores desde 0,5 MW hasta 2,0 MW de potencia nominal, e incluso existen prototipos con potencias de 3,0 MW y más.

Aun cuando los aerogeneradores son instalaciones eléctricas de alta tecnología, en principio su funcionamiento es muy sencillo:

1. Primero se extrae la energía cinética del aire en movimiento de las palas del rotor.

2. Luego se transforma esta energía cinética del aire en energía mecánica rotacional.

3. Finalmente, ésta última es transformada en energía eléctrica por medio de un generador, de manera similar al principio del dinamo.

En este proceso hay dos factores que determinan la magnitud de la producción de electricidad: la velocidad del viento y el diámetro del rotor. La velocidad del viento aumenta considerablemente con la altura y la producción de energía es mayor al incrementarse el tamaño de las palas del rotor.

Para el desarrollo de las centrales eólicas modernas, los ingenieros se basaron en la tecnología ya conocida de los

4. Experiencia práctica con energías renovables 73

aviones, con el empleo del principio de fuerza ascensional por medio del diseño particular de palas del rotor. La corriente de aire produce una sobrepresión en el lado inferior del ala y una succión en el lado superior, con lo que se genera la fuerza ascensional, y en consecuencia el movimiento del rotor. Hoy en día se utiliza preponderantemente el rotor tripala de eje horizontal, ya que soporta cargas mecánicas, es visualmente equilibrado y poco ruidoso. Por lo general se puede obtener el rendimiento óptimo del generador con una velocidad del viento de tan solo 11 a 15 m/s. Los generadores también trabajan de manera efectiva con escaso viento y el rendimiento se compensa cuando el viento es muy fuerte, con lo que se puede garantizar una alimentación uniforme. Cuando se trata de centrales interconectadas, esto ocurre en ciertos momentos por medio de un mecanismo de regulación moderna con el que se evitan las interrupciones en la red de transmisión.

Ejemplo: Energía eólica en el Mar Caribe

País: Colombia

Nombre del proyecto: Programa de energía eólica "TERNA"

Período de ejecución del proyecto: 2000-2002

Capacidad instalada: 19,5 MW

Descripción del sistema: 15 aerogeneradores

Lugar: noreste del país (región de la Guajira)

Descripción: La demanda de electricidad de Colombia se cubre básicamente a través de centrales hidroeléctricas. La generación de energía eléctrica se vio fuertemente afectada debido a periodos de sequía más largo de lo común, los cuales se han intensificado en los últimos años a causa del fenómeno climático "El Niño", lo que motivó al gobierno colombiano a considerar otras fuentes de energía. La región de la Guajira es una de las pocas regiones del mundo donde el viento sopla muy fuerte y constantemente. Según mediciones de la Sociedad Alemana de Cooperación Técnica (en alemán, GTZ), la velocidad promedio del viento anual asciende a aproximadamente 10 metros por segundo, pero nunca sobrepasa los 21 m/s, debido a que la región se encuentra fuera de la peligrosa zona tropical de tornados. Este parque eólico, compuesto de 15 aerogeneradores de la empresa Nordex, cada uno de los cuales genera 20 MW, fue construido con la colaboración de la GTZ.

Todas las centrales en conjunto generarían 82 millones de KWh/año, lo que equivale al doble o al triple de lo que genera un parque eólico similar en Alemania. Gracias a la exoneración de impuestos por parte del gobierno colombiano, a un subsidio del Banco Mundial del Fondo del Prototipo del Carbono (PCF) y a la alta producción de electricidad, el parque eólico funciona de manera rentable incluso con las bajas tarifas eléctricas colombianas.

5. Estrategia de solución

En este capítulo se presentan dos estrategias distintas para cubrir la demanda futura de energía eléctrica en Venezuela. En una se propone una política energética que en cierta manera refuerce la combinación de fuentes de energía eléctrica actual (generación de 70 por ciento por medio de energía hidráulica y de 30 por ciento a través de energía térmica) y que afronte las altas exigencias del futuro.

En la otra, se presenta una política energética que suponga conservar el parque de generación eléctrica actual y que a partir de 2008 incorpore una capacidad de generación y un proceso de sustitución al menos parcial mediante el aprovechamiento de energías renovables. Para ambas políticas energéticas se analiza un escenario hasta el año 2050.

La evolución demográfica amerita una atención especial. Por ello se evalúa el comportamiento de la demanda de los sectores industrial, residencial, comercial, de prestación de servicios, así como de la administración pública y otros.

5.1 La evolución demográfica y la demanda de electricidad

La población de Venezuela creció rápidamente en el siglo XX. Mientras la tasa de natalidad se mantuvo por mucho tiempo a un nivel relativamente alto, como ocurría incluso a principios de siglo, la tasa de mortalidad disminuyó considerablemente gracias al desarrollo económico, médico y social, especialmente después de la Segunda Guerra Mundial. Desde entonces, en 50 años la población de Venezuela se quintuplicó y hoy en día alcanza un poco más de 25 millones de habitantes. El siguiente gráfico muestra las proyecciones en cuanto a la evolución demográfica esperada hasta el año 2050.

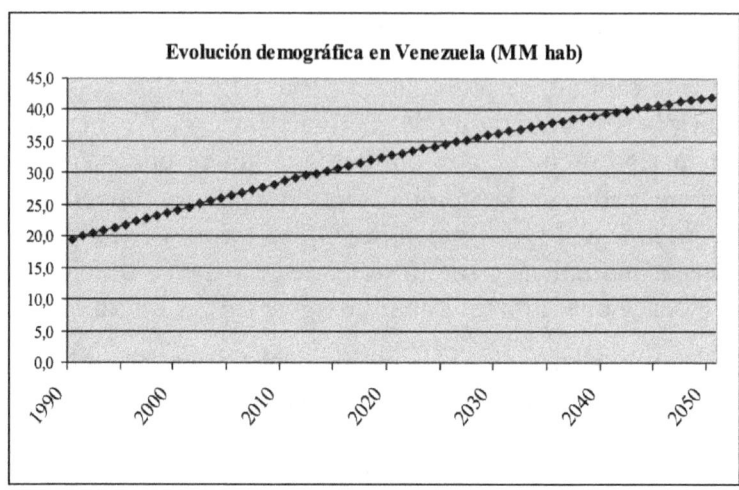

Figura 5.1: Evolución demográfica en Venezuela hasta el año 2050 [UN 02. Elaboración propia].

El crecimiento de Venezuela persistirá por mucho tiempo, aunque en una forma un poco más débil por el proceso de transformación demográfica. Así, el último informe de la ONU de Perspectivas sobre la Población Mundial pronostica que para el año 2050 Venezuela tendrá una población de aproximadamente 42 millones de habitantes (véase Figura 5.1).

Venezuela es un país altamente urbano con un elevado porcentaje de jóvenes y de población económicamente activa, en la actualidad. Sus condiciones demográficas apuntan hacia un crecimiento económico sostenido.

5.2 Estudio gubernamental sobre la demanda eléctrica de 2001 a 2020

El estudio gubernamental elaborado para el período de 2001 a 2020 es hasta ahora la única publicación formal de un pronóstico de la demanda de energía eléctrica venezolana. Según este estudio, ésta aumentará hasta el año 2020 a casi 200.000 GWh (200 TWh). Con la

5. Estrategia de solución

construcción de tres nuevas centrales hidroeléctricas (Caruachi, Vueltosa y Tocoma) se puede cubrir aproximadamente la mitad de la demanda de electricidad por medio de energía hidráulica y de generación termoeléctrica. De la misma manera el estudio indica que a partir del año 2006 se visualiza una creciente demanda insatisfecha, la cual, sumada a la demanda adicional propia de un año hidrológico seco aumentará a casi 100.000 GWh para el año 2020. Esto significa que aún es incierto cómo habrá de cubrirse la mitad de la demanda de electricidad en Venezuela para el año 2020.

Para comprobar la fiabilidad del estudio se compararon los datos sobre el consumo de electricidad con los ya existentes de los años de agitación política 2002 y 2003. Para el año 2002 los valores de consumo fueron congruentes, mientras que para el año 2003 la demanda de energía real se ubicó en 3,8 por ciento por debajo de los valores del pronóstico.

El estudio gubernamental estableció la base para una estimación de la demanda de energía eléctrica hasta el año 2050. Se hace una proyección de los datos correspondientes a los pronósticos hasta el año 2020 y a partir de ese año, se estiman con un crecimiento reducido hasta el año 2050.

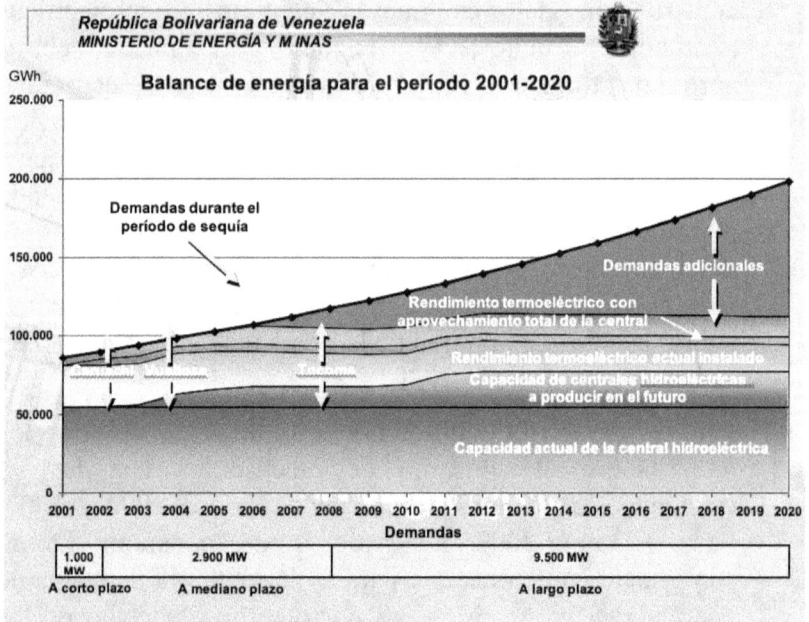

Figura 5.2: Balance de energía en Venezuela. 2001-2020 [Gobierno de Venezuela, Ministerio de Energía y Minas, 2000]

5.3 Demanda futura de energía eléctrica

Para poder estimar mejor el consumo futuro de energía eléctrica, cabe observar con mayor precisión los distintos sectores de consumo. El consumo de energía eléctrica de Venezuela se divide en cinco sectores: (véase Figura 5.3)

- Residencial
- Comercial y de servicios
- Industrial
- Administración pública y otros
- Pérdidas (pérdidas de transformación y de transmisión, otras pérdidas: véase Sección 5.3.5)

5. Estrategia de solución

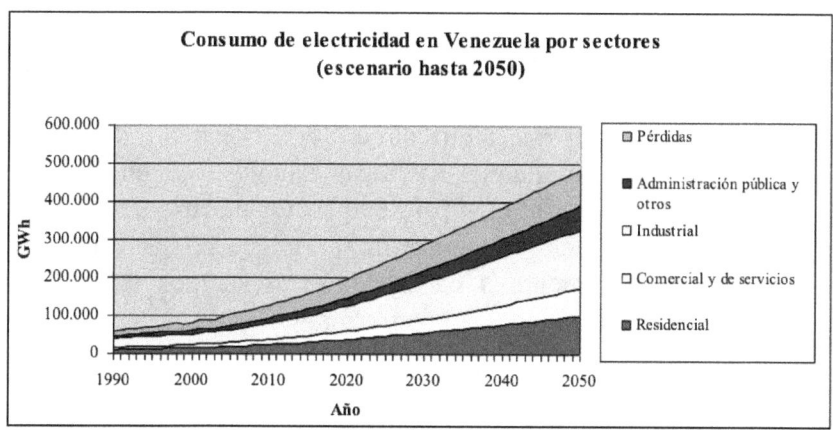

Figura 5.3: Consumo de electricidad en Venezuela por sectores (escenario hasta 2050)

5.3.1 Demanda futura de energía eléctrica del sector residencial

En el año 2003, los hogares de Venezuela consumieron aproximadamente 16.600 GWh. Tomando en cuenta que aproximadamente 24 millones de venezolanos están conectados al suministro eléctrico, esta cifra es equivalente a casi 700 KWh por persona. Un hogar (4,2 personas) se estimaba en promedio en 2.900 KWh, mientras que, en Alemania, para un hogar de 4 personas, se estimaba un valor referencial de 4.000 KWh. Las neveras y los sistemas de iluminación obsoletos son los principales consumidores, con un total de casi 70 por ciento del consumo eléctrico residencial.

La electricidad para los hogares es muy económica en comparación con otras partes del mundo: en 2003, un hogar pagó en promedio el equivalente a 3,89 centavos de USD por KWh. También por esta razón el concepto de ahorro de electricidad en la población es casi desconocido: la luz a veces está encendida durante todo el día. Por ahora no se vislumbra un cambio de mentalidad, de manera que a futuro seguirá aumentando el consumo eléctrico per-cápita, ya hoy en día relativamente alto. El futuro crecimiento económico se manifestará en la adquisición de otros grandes equipos eléctricos en los hogares. No es de esperar, en condiciones políticas estables, que en el futuro el Estado le retire el subsidio al sector eléctrico, ni que los precios del suministro eléctrico aumenten considerablemente a partir de un ajuste por inflación o debido a la influencia de la misma.

Así, para el crecimiento futuro de la demanda de electricidad de los hogares se pueden analizar los datos de consumo de los años 1990 a 2003 y hacer una proyección considerando una variación menor. Los acontecimientos excepcionales como el paro general de varias semanas del año 2002 no desempeñan un papel muy importante al considerar este periodo tan largo.

Para el escenario se estima en 5 por ciento anual el crecimiento del consumo eléctrico en los hogares hasta el año 2012. A partir de 2012 se estima una paulatina tendencia decreciente, hasta llegar a 2,6 por ciento de crecimiento en el año 2049. Se asume que el crecimiento disminuye tanto por una mayor eficiencia energética de los nuevos aparatos domésticos y de la iluminación, como por el debilitamiento del crecimiento demográfico. Sin embargo, el crecimiento del consumo eléctrico se encuentra por encima del demográfico. Para el año 2050 se espera una demanda del sector residencial de aproximadamente 101.000 GWh.

5.3.2 Demanda futura de energía eléctrica del sector comercial y de servicios

El sector comercial y de servicios fue el que más creció en los últimos años, y de 1990 a 2003 duplicó su consumo de electricidad a casi 10.000 GWh. Con un promedio de 4,87 centavos de USD por KWh, en este sector se pagan las

5. Estrategia de solución

tarifas de electricidad más altas. Un crecimiento sostenido del consumo de la población joven, el incremento de las áreas comerciales, de la energía para los locales (por ejemplo: aire acondicionado y refrigeración), mayor uso de energía en la exhibición de la mercancía en los centros comerciales, y un fuerte aumento del uso de las tecnologías de la información en el sector de la prestación de servicios, hacen que el sector comercial y de servicios continúe creciendo en el futuro. Así, en los próximos años se estiman tasas de crecimiento anuales de 5 por ciento, que comenzarían a decrecer a partir de 2018, hasta alcanzar un 3,2 por ciento en el año 2049. De acuerdo con estas estimaciones, en el año 2050 el sector comercial y de servicios podría requerir aproximadamente 72.000 GWh.

5.3.3 Demanda futura de energía eléctrica del sector industrial

El sector industrial cubre la mayor parte de su demanda de energía por medio de gas (64% en 2003), petróleo, y solamente una pequeña parte con electricidad (12% en 2003). Sin embargo, actualmente constituye el sector de mayor consumo en Venezuela, con una demanda de casi 30.000 GWh (2003). De esta cantidad de energía, la gran industria consume 2/3, especialmente la industria del aluminio (fundición de bauxita, con casi 13.000 GWh), y la industria del acero (fundición de hierro, con 7.000 GWh). En el año 2003, estos dos rubros pagaron en promedio tan solo 1,8 centavos de USD por KWh, mientras que el resto de la industria pagó 3,4 centavos de USD. Los metales aluminio y hierro constituyen después del petróleo, unos de los principales productos de exportación de Venezuela.

De 1990 a 2003, el incremento del consumo de energía del sector industrial se caracterizó por un aumento muy moderado de 1,5 por ciento en promedio. El estudio gubernamental presume un crecimiento anual de 5 por ciento y, aun cuando este valor parezca más bien alto, fue tomado para los primeros años para satisfacer al estudio que en su totalidad resulta confiable. A partir de 2013 se prevé con una tasa de crecimiento decreciente que disminuye hasta llegar a un 1,4 por ciento anual en el año 2050. Precisamente en la gran industria, los ahorros de energía y los aumentos de eficiencia son frecuentemente bastante factibles. A tal efecto, se considera fundamental una expansión de la producción para el abastecimiento de la población y un incremento de las exportaciones venezolanas. Para el año 2050 se prevé una demanda de energía de 154.000 GWh en el sector industrial.

5.3.4 Demanda futura de energía eléctrica del sector de la administración pública y otros

La administración pública de Venezuela es responsable de las escuelas, universidades, alumbrado público y otros, instalaciones que poseen la mayoría de las veces una tecnología obsoleta y de elevado consumo de energía. Al grupo "otros" pertenecen, por ejemplo, los hospitales y la agricultura. Para la evolución futura se previó un incremento promedio anual de más de 5 por ciento hasta el año 2012, de conformidad con el estudio gubernamental, aún cuando desde 1998 el consumo de energía eléctrica ha registrado en parte un descenso. En los últimos años, la administración pública y la agricultura estaban parcialmente en crisis. Seguramente, cuando se normalicen, aumentará nuevamente la demanda de energía. A partir de 2018, el incremento anual disminuye de 4,6 por ciento a 3,1 por ciento en el año 2050, año en el que la demanda total del sector de la administración pública y otros podría ascender a cerca de 63.000 GWh.

5.3.5 Evolución futura de las pérdidas

En el ámbito internacional, Venezuela ocupa uno de los primeros lugares en pérdidas. Aproximadamente 25 por ciento de la capacidad generada se pierde, mientras que en

5. Estrategia de solución 83

Brasil se pierde solo 9 por ciento, y en Alemania apenas cerca del 4 por ciento.

También hay diferencias de un país a otro en cuanto a las causas de las pérdidas. En Venezuela, las grandes longitudes de tendidos eléctricos desde los centros de generación hasta los consumidores figuran entre las principales causas de pérdidas. Por ejemplo, la corriente recorre casi 1.000 km de líneas de transmisión, desde la Represa del Guri hasta el centro industrial Valencia, y tales distancias son frecuentemente la norma.

A menudo, las redes y los transformadores de las cuatro principales compañías de electricidad de Venezuela están obsoletos. Muchos de los grandes consumidores carecen de compensación de energía reactiva.

El consumo eléctrico ilegal por parte de personas que viven en los barrios, situación que casi no ocurre en Alemania, e igualmente es poco frecuente en Brasil, representa un serio problema. Ésta sería la causa principal de las pérdidas de energía en Venezuela, aun cuando una parte de la opinión pública parece catalogar el problema como una compensación social.

El robo de la energía le ocasiona pérdidas de ingresos a las compañías de suministro de energía y al mismo tiempo conduce a sobrecargas de la red, caídas de tensión y cortes de energía; y de esa manera disminuye la calidad del suministro eléctrico para los clientes que pagan. Aparte de que se reduce la vida útil de las instalaciones del sistema, el robo de electricidad es extremadamente peligroso, tanto para el que lo ejecuta como para las personas que habitan cerca de las tomas ilegales. Por lo general se coloca simplemente una conexión de cables a la línea eléctrica aérea más cercana y se toma electricidad sin pagar por ello. En algunas áreas, las empresas de suministro en Venezuela pierden cada una hasta 50 por ciento de la electricidad producida, aunque es difícil obtener datos específicos a este respecto.

Un mayor crecimiento económico, que redundaría en el aumento del poder adquisitivo de las familias y que las aleje de las prácticas ilegales de toma de corriente, así como inversiones en tecnología (por ejemplo, en elevadores de tensión), deberían reducir este tipo de pérdidas. Igualmente, las compañías de suministro eléctrico deberán invertir en las redes parcialmente obsoletas y modernizarlas.

El porcentaje de pérdidas, aun cuando ha aumentado considerablemente en los años anteriores, no debería superar 29 por ciento de lo producido, para disminuir lentamente a partir de 2005. Hasta el año 2020, este porcentaje podría bajar a 25,5 por ciento, para luego alcanzar 19,6 por ciento en el año 2050, el equivalente a 95.000 GWh. Se puede decir entonces que estas pérdidas corresponden prácticamente a la demanda de energía eléctrica residencial y que se ubican por encima de la producción de energía eléctrica de Venezuela del año 2004.

6. Los escenarios

6.1 Escenario de energía térmica e hidráulica (TeH)

La Figura 6.1 muestra la distribución de las fuentes de energía convencionales de Venezuela. El gas se encuentra a lo largo de la cuenca de Maracaibo y en la zona de la Costa Oriental. El petróleo no solo se extrae en la cuenca de Maracaibo, en la región periférica occidental de Los Andes y en la zona de la Costa Oriental, sino también en el río Orinoco, en el interior del país. El carbón se encuentra principalmente a lo largo de la costa y en el río Orinoco. La energía hidráulica se puede aprovechar en la región occidental de Los Andes, en la región de los afluentes del Orinoco y a lo largo de la costa. Los crudos pesados están localizados en el límite de la faja petrolífera.

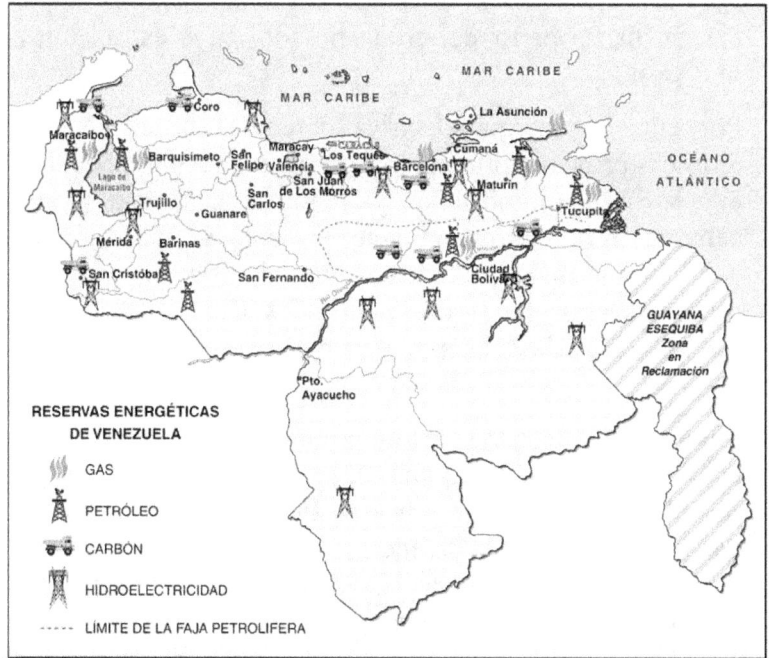

Figura 6.1.: Reservas de las fuentes de energía convencionales en Venezuela [a-Venezuela]

No todas las fuentes de energía convencionales son transformadas en electricidad. El carbón solo se explota a pequeña escala y luego se exporta, mientras que el petróleo y el gas se utilizan actualmente para producir electricidad tanto en la mayor central térmica, Planta Centro, como en otras siete plantas más pequeñas. Ninguna de las centrales planificadas hasta ahora prevé una transformación de petróleo en energía eléctrica, dado que puede exportarse y venderse de una manera más lucrativa, debido a los precios actuales del mercado mundial y los que se esperan en un futuro. El crudo pesado no se incluye en el cenit de la OPEP, razón por lo cual Venezuela puede manejar las restricciones de dicha organización, a través de un procesamiento del crudo pesado y de su exportación, y aumentar sus ingresos por la venta del petróleo [Lynch 02]. Por esta razón, es poco probable la generación de electricidad a partir del crudo pesado, cuya extracción es muy costosa.

Por ello, la energía eléctrica obtenida en las centrales térmicas proviene principalmente de una fuente de energía: el gas. En los últimos años, ya fueron transformadas varias centrales térmicas para funcionar con gas, y las grandes centrales térmicas recientemente planificadas para los próximos años (en total 4 centrales con 1.924 MW de electricidad, véase anexo) generarán electricidad a partir del gas.

Las reservas de gas se estiman en 4,2 billones de metros cúbicos [Esso 03], [Lynch 02]. Según [caveinel 03] es posible generar 2,87 KWh a partir de 1 metro cúbico de gas, con la eficiencia de energía (<28%) del parque actual de generación de Venezuela. Por tanto, de las reservas de gas de Venezuela se pueden obtener, en teoría, más de 12.000.000 GWh y con ello se podría cubrir la demanda de energía eléctrica durante muchas décadas.

6. Los escenarios

El aumento mundial de las tarifas de energía se ha visto reflejado no solo en el petróleo, sino también en el gas. Si se toman los criterios de precios del mercado de gas estadounidense, donde la tarifa promedio que se espera a mediano plazo para este combustible se ubica en US$ 3,75/mil pies cúbicos [Bayerische Landesbank 03], los costos de un kilovatio/hora obtenido se calculan de la siguiente manera:

1.000 pies cúbicos a US$ 3,75 corresponden a 28,317 metros cúbicos a US$ 0,13. Si en Venezuela se generan en promedio 2,87 KWh a partir de un metro cúbico de gas, 1 KWh cuesta aproximadamente 3,5 centavos de euro. Adicionalmente se deben considerar los costos de la inversión y de operación de la central eléctrica. Si se calcula con base en los criterios estadounidenses, no es rentable generar energía eléctrica a partir del gas con las tarifas actuales del país (véase Capítulo 5), pero si se utilizan los criterios del mercado venezolano, en el que los precios del gas fueron fijados para los próximos años por medio de una ley del año 2001, se obtienen costos considerablemente menores.

Además, mediante gasoductos se pueden obtener ganancias al exportar gas a los países vecinos, Colombia y Panamá. Una gran ampliación de la generación termoeléctrica a gas aumentaría las tarifas eléctricas y permitiría a Venezuela exportar menos energía.

El desarrollo de la energía hidroeléctrica sigue avanzando: tres grandes centrales hidroeléctricas (Caruachi, Vueltosa y Tocoma) están en construcción o en su fase de proyecto. El uso de la energía hidroeléctrica garantiza el mantenimiento de bajas tarifas eléctricas, pero no puede ser ampliada a discreción. Igualmente debe tenerse en cuenta la dependencia de factores climáticos. Los años de extrema sequía (por ejemplo, a causa del fenómeno climático de El Niño) comprometen la seguridad del suministro.

En el futuro es posible una continuación de la estrategia actual de energía hidroeléctrica/energía a gas, lo que permitiría invertir la relación de 70:30 de energía hidroeléctrica y termoeléctrica, en favor de esta última, para llegar probablemente a 30:70 en el año 2050. Sin embargo, esto acarrea los siguientes problemas:

- Las tarifas de electricidad aumentarán considerablemente, ya que la generación de electricidad por medio de gas es más costosa que la obtenida a partir de energía hidráulica (se espera una duplicación al ajustar por inflación). Deberá construirse la infraestructura adecuada, y, para la explotación costa afuera, es indispensable una asociación tecnológica con consorcios energéticos internacionales.

- La electricidad producida con gas es requerida en el negocio de la exportación. Venezuela importa muchos bienes de consumo e industriales, y los recursos para esto los obtiene por medio de la exportación de productos del mineral de hierro, aluminio y combustibles fósiles.

- En los últimos años Venezuela ha suscrito diferentes tratados climáticos y medioambientales. El uso del gas en la generación de electricidad implica una mayor emisión de CO_2. Si Venezuela quiere cumplir con los tratados, debe comprar a un alto precio los derechos de emisión de CO_2 correspondientes; o puede rescindir los tratados, lo que le restaría credibilidad en materia financiera.

Debido a estos problemas, los responsables del sector energético podrían buscar otras soluciones y abandonar, al menos en parte, la política energética actual.

6. Los escenarios

6.2 Escenario de energías renovables (ER)

En la sección 6.1 se analizó el escenario *TeH* con base en estadísticas. Este mismo tipo de análisis es para Venezuela más complicado en el escenario de las energías renovables (ER), debido a la falta de fuentes de información. El Ministerio de Energía y Minas realizó un estudio general en el país, pero según se sabe, no fueron considerados los costos esperados. Además, los datos presentados fueron generales, lo que imposibilitó un estudio adecuado de las diferencias en términos de magnitud de los potenciales de energía regionales.

En esta sección se debe buscar una forma de describir las múltiples opciones para el aprovechamiento de la oferta de energías renovables de Venezuela. En este sentido, se podría explicitar cuáles serían los costos que habría de invertir la economía venezolana para la obtención de esta energía.

En esta investigación se analizan los potenciales de generación eléctrica a partir de la energía fotovoltaica y eólica.

Debido a la falta de información por parte de las instituciones venezolanas, no fueron consideradas la generación eléctrica por medio de biomasa, la geotérmica ni la producida con minicentrales hidroeléctricas, Al final del Trabajo de Grado se encuentra una evaluación muy general de la generación eléctrica a través de ER, ante un hipotético cambio en las proporciones de las fuentes de energía existentes en el sistema eléctrico venezolano y las energías renovables aquí consideradas.

A tal efecto, se calculan los valores estimados con la tecnología actualmente vigente, madura y disponible en el mercado, obviamente tomando en cuenta las condiciones marco correspondientes del sector energético.

6.2.1 Definición de los conceptos de potencial [Wiese 93]

Según [Wiese 93], cuando se habla de los potenciales de energía de las fuentes de energía renovables se puede diferenciar entre los potenciales teóricos y técnicos, e igualmente entre los potenciales económicos y esperados:

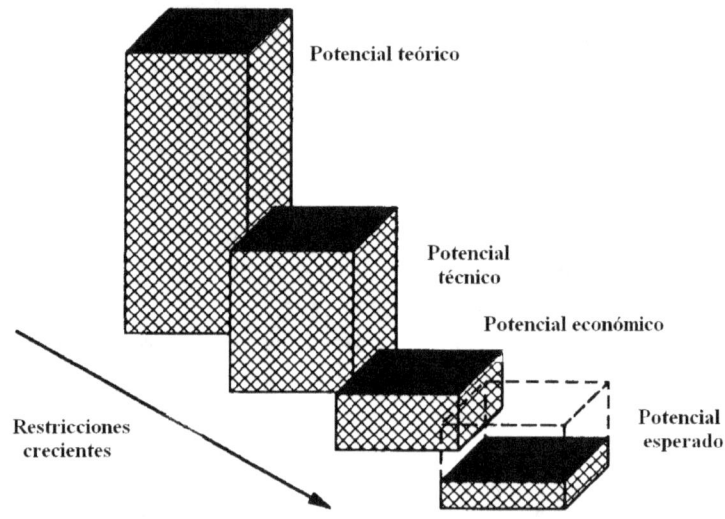

Figura 6.2: Fundamento para definir los conceptos de potencial [Wiese 93]

- El potencial teórico de las energías renovables representa un tope de la oferta de energía disponible. Este potencial resulta de la oferta física de las fuentes de energía renovables (por ejemplo, el contenido de energía en las masas de aire en movimiento, o la energía solar irradiada sobre las superficies de los terrenos).

- Sin embargo, existen barreras técnicas que limitan este potencial teórico: un ejemplo es la limitada capacidad de absorción de la energía eólica ante la presencia de fuerte viento en un sistema existente, el cual debido a varias sobrecargas puede establecer un tope técnico (por ejemplo 20 por ciento del potencial teórico) a la ampliación de aerogeneradores en una zona teóricamente apropiada. Queda un porcentaje del potencial teórico, el cual es "técnicamente aprovechable" teniendo en cuenta las posibilidades técnicas actuales. Se toman en cuenta, de manera general, las tecnologías de aprovechamiento, sus niveles de eficiencia, la disponibilidad de los lugares, así como las limitaciones estructurales, ecológicas y otras. En esas consideraciones es importante mencionar la dependencia con relación a las tecnologías de aprovechamiento y a otras condicionantes (limitaciones de producción y de la demanda).

- Por potencial económico se entiende el porcentaje máximo utilizable del potencial técnico, que sea económicamente competitivo al considerar su posicionamiento con respecto a otras fuentes de energía. En este trabajo se hace un planteamiento bastante general, ya que el potencial económico de una alternativa renovable se ve muy influenciado por los sistemas convencionales y por los precios de las fuentes de energía. Aún cuando en Venezuela los precios de los combustibles fósiles son bajos, están sujetos a numerosas fluctuaciones (por ejemplo, a causa de la primera y la segunda crisis del precio del petróleo, las huelgas, los intentos de golpe de Estado, etc.).

- El aporte realmente esperado para el suministro de energía se representa por medio del potencial esperado de la fuente de energía renovable, el cual por lo general es menor que el potencial económico. Esto se debe al largo período durante el cual se desarrolla la tecnología, hasta la terminación del proyecto. Algunas de las causas de esta situación, que a su vez se contraponen a un rápido aprovechamiento económico de las opciones de fuentes de energía renovables son: la reducida capacidad de construir instalaciones para aprovechar la oferta de energía renovable, el hecho de que las instalaciones existentes aún sean capaces de operar, así como un gran número de diversos obstáculos (falta de información, restricciones legales y administrativas, entre otros). Pero en algunos casos específicos puede ocurrir que el potencial esperado sea mayor que el potencial económico actual, si por ejemplo la opción de energía renovable en cuestión recibe apoyo a través de medidas administrativas (por ejemplo, en Alemania, el Programa: 100.000 techos solares, o el Programa Eólico de 250 MW).

Este trabajo toma en cuenta las posibilidades dadas y las posibles limitaciones de la oferta de energía renovable a largo plazo, para lo cual es determinante el potencial técnico. Debido a que la incertidumbre en relación con la evolución de los precios de las fuentes de energía primarias, la introducción o modificación de mecanismos estatales (impuestos extraordinarios, introducción o expiración de programas de incentivo, entre otros) y efectos parecidos, pueden llevar a planteamientos evidentemente diferentes a corto plazo, el potencial económico en este contexto no será considerado de manera explícita.

Del gran número de posibilidades del aprovechamiento directo de la energía solar irradiada, solo se analizarán aquéllas, cuya introducción sea razonable en Venezuela

6. Los escenarios 93

desde el punto de vista técnico, por ejemplo, procesos fotovoltaicos para la generación de electricidad (véase también Capítulo 4). Se consideran las plantas de colectores cilíndricos parabólicos, las torres solares, las instalaciones de disco parabólico o los estanques solares, debido a que la gran proporción de rayos solares irradiados de manera directa en el país hace que el empleo de estas tecnologías luzca conveniente. En este contexto también podría mencionarse la sustitución de los aires acondicionados y de los equipos de calentamiento de agua de funcionamiento eléctrico por sistemas solares térmicos que, empero, no será contemplada en este trabajo.

La producción de energía termosolar y fotovoltaica depende del potencial de la irradiación solar. En esta sección se presentan las bases teóricas de la oferta de energía solar en Venezuela.

La luz solar es una forma de energía como cualquier tipo de radiación electromagnética. En el límite superior de la atmósfera terrestre se designa la luz como una constante solar, y su densidad de potencia asciende a 1.370 W/m^2 [Kleemann 88]. En su recorrido a través de la atmósfera terrestre, se debilita la energía irradiada y se altera su espectro de longitud de onda.

El debilitamiento obedece a las siguientes causas:

- Reflexión en la atmósfera

- Longitud del recorrido a través de la atmósfera

- Dispersión y absorción de aerosoles

- Absorción de vapor de agua (nubes), ozono y oxígeno en la atmósfera

Este debilitamiento resulta distinto en función las características actuales en la atmósfera, tales como las condiciones meteorológicas macroclimáticas y las limitaciones microclimáticas [Wiese 93].

A causa de estos efectos, la radiación que incide sobre la superficie terrestre se divide en dos componentes:

- Radiación solar directa
- Radiación difusa

Al conjunto de estos dos componentes de radiación se le denomina radiación global.

Después de su paso a través de la atmósfera, la energía radiante remanente se hace presente en la tierra con una distribución desigual. La oferta de energía depende de la hora del día, la estación, la pluviosidad, la nubosidad, así como de la situación geográfica y topográfica del lugar. En este contexto, en la superficie de Venezuela se alcanza un promedio de 5-6 KWh/m² por día. [Durán 99]

6.2.2 Estimación del potencial teórico en Venezuela

Hoy en día, una célula fotovoltaica cristalina de silicio tiene un nivel de rendimiento promedio de 15% [véase Capítulo 2].

Si se utilizasen células solares con un nivel de rendimiento promedio de 15% en cerca del 1% del territorio venezolano (alrededor de 9.160 km2, lo que equivaldría a diez veces la superficie de Berlín en Alemania), se tendría un potencial teórico total de 2.503 TWh por año (con una irradiación promedio de 5 KWh por día y por m² [Lafontant 90]).

Este valor corresponde aproximadamente a 28 veces la demanda de energía total de Venezuela en el año 2003, lo que evidencia la enorme dimensión del potencial solar.

6.2.2.1 Potenciales teóricos de la superficie para el aprovechamiento del potencial de la irradiación solar en Venezuela

En comparación con otras posibilidades de generación de energías renovables, el potencial teórico de la superficie con miras a la instalación de centrales para el aprovechamiento termosolar o fotovoltaico es muy alto. En principio muchas superficies se prestan para esto, como por ejemplo, las áreas urbanizadas y libres, las áreas industriales, recreativas, de circulación, las tierras de cultivo, superficies forestales y extensiones de agua.

En las áreas de producción, recreativas y de circulación casi no existe aprovechamiento solar, sino más bien un uso combinado. El aprovechamiento de las extensiones de agua y de las superficies forestales (luego de su tala) no se considera por razones económicas y ecológicas [Metzler 92]. Quedarían las áreas urbanizadas y libres, así como las tierras de cultivo para su uso en el aprovechamiento de la energía solar en Venezuela.

6.2.2.2 Determinación del potencial de áreas urbanizadas y libres

Para determinar el área correspondiente a techos aprovechables con tecnología solar se estima el tamaño de las superficies de techos totales disponibles, y se excluye el porcentaje no utilizable. De esta manera se puede determinar el potencial de la superficie aprovechable con tecnología solar en las áreas urbanizadas.

La Figura 6.3 muestra la irradiación diaria promedio en Venezuela (en cal/cm^2/día) para el período comprendido entre 1951 y 1970. A partir de la figura es posible estimar la oferta de la irradiación solar correspondiente a regiones específicas, por medio de las líneas isométricas.

Según informaciones del censo [Censo 01], en Venezuela hay aproximadamente 5 millones de unidades de viviendas. Si se dota cada unidad de vivienda con una instalación fotovoltaica de 10 m^2 en promedio (con aproximadamente 15 por ciento de nivel de rendimiento), se obtendría un rendimiento promedio anual de aproximadamente 2.700 KWh por cada instalación, con una irradiación de 5 KWh diarios sobre superficie horizontal. El rendimiento total de las 5 millones de instalaciones solares sumaría aproximadamente 13.500 GWh, lo que cubriría aproximadamente 82 por ciento del consumo eléctrico residencial en el año 2003 (16.600 GWh), con una superficie fotovoltaica utilizada de una dimensión de 50 km².

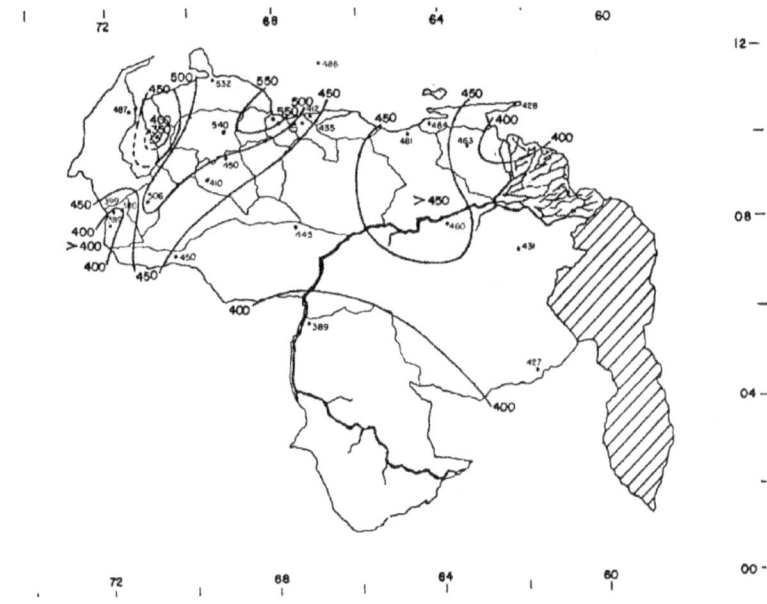

Figura 6.3: Irradiación diaria promedio en Venezuela (cal/cm²/día). Período 1951-1970 [MEM 90]

6. Los escenarios

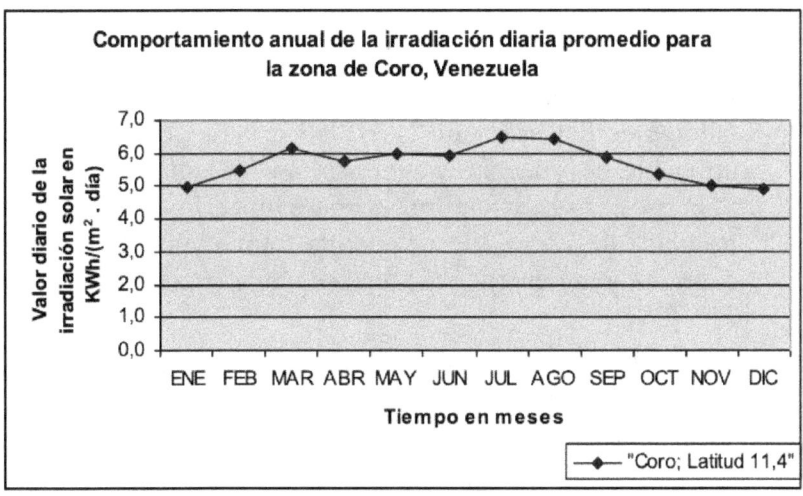

Figura 6.4: Comportamiento anual de la irradiación diaria promedio para la zona de Coro (Estado Falcón) en Venezuela [Censolar 02]

Las superficies de techos y fachadas de edificios, así como las áreas libres son aptas para el uso de tecnología solar. Una de las ventajas de este tipo de instalaciones son las escasas pérdidas, debido a que se construyen en las adyacencias del consumidor. En Venezuela, 90 por ciento de las viviendas se encuentra en la costa, es decir, que tienen una buena posición con respecto al acimut, ya que se localizan entre los 10 y los 12 grados de latitud. Así se elimina el problema de la alineación exacta, ya que los módulos pueden ser instalados directamente sobre el techo prácticamente de manera horizontal. El sol irradia casi todo el año sin una gran inclinación. Cabe destacar que resulta ventajoso ubicar los módulos fotovoltaicos con una pequeña inclinación con respecto a la horizontal, por cuanto permite que se limpien solos.

Las estimaciones para los edificios no residenciales, tales como los de instituciones, oficinas y administraciones, serían las siguientes: el consumo de energía de la administración pública en el año 2003 ascendió a 9.885 GWh. En total existen 774.784 suscriptores registrados. La superficie promedio de techos de una administración pública es del orden de los 1.000 m². La superficie total utilizable de Venezuela asciende, por lo tanto, a 775 km². Sobre esta superficie se puede colocar una capacidad instalada de 77,5 GWp de energía fotovoltaica, con lo que el rendimiento energético anual se ubicaría alrededor de los 212 TWh.

Las edificaciones propias de las empresas agrícolas son, por lo general, graneros y establos. Las fábricas y las edificaciones de los talleres con frecuencia están dotadas de un techo en diente de sierra que garantice una iluminación óptima de los espacios.

Para cada una de estas edificaciones se prevé un promedio de 5.000 m² de superficie solar utilizable. Según la última estadística del MEM, en el año 2003 había en total 29.838 fábricas registradas, es decir, una superficie total de 149 km², con un rendimiento energético fotovoltaico total de 41 TWh anuales y una capacidad instalada de 14,9 GWp.

6.2.2.3 Potenciales de las áreas libres utilizables con tecnología solar

Para el cálculo de los potenciales de las áreas libres utilizables, también se considera la instalación de centrales eléctricas fotovoltaicas de mayor tamaño y de torres solares que generan energía eléctrica por medio de conversión térmica de energía solar (generalmente a través de turbinas de vapor). La siguiente consideración se realiza sin tomar en cuenta las restricciones relacionadas con la red y la demanda.

Las plantas solares en Venezuela se pueden construir, mediante una gran inversión en tecnología, en vertederos, zonas desérticas, tierras agrícolas (tierras de cultivo y tierras siempre verdes) y en campos petroleros en los que ya no se explota. Venezuela posee 90.000 km² de tierras agrícolas [Atlas 98]. El aprovechamiento de energía solar dispone tan solo de una pequeña porción de esta superficie, debido a que se le da una mayor prioridad a la producción de alimentos basada en el uso de grandes áreas.

Regiones de Venezuela	Superficies utilizables en km² para la generación eléctrica mediante centrales termosolares
Región Insular	635
Región del Lago de Maracaibo	16.525
Región de Los Andes	2.980
Región Lara-Falcón	6.690
Región Costera	374,2
Región Montañosa de la Costa	481,44
Región del Río Orinoco	804
Región de Los Llanos	223.997,4
Región de Guayana (Zona del Amazonas)	458,345
Total	252.945,4

Tabla 6.1: Regiones de Venezuela y sus superficies utilizables para la generación eléctrica mediante centrales fotovoltaicas y termosolares.

En la Tabla 6.1 se puede cuantificar la superficie utilizable total para la generación eléctrica mediante centrales termosolares. En la superficie total de 252.945 km², que representa aproximadamente 25 por ciento de la superficie del país, se podría obtener una generación eléctrica promedio anual de 120 GWh por km².

Para el aprovechamiento de las superficies se deben tener en cuenta las siguientes restricciones:

- La superficie se reduce aproximadamente en un 40 por ciento (151.767 km²) debido a las deficiencias en la infraestructura, las tierras no edificables, las sombras en algunas partes de los bosques y las restricciones de los parques nacionales.

- Con base en cálculos realizados anteriormente [Wiese 93] se conoce que la dimensión de las superficies utilizables experimenta una reducción adicional a causa de vías de servicio muy largas, edificios industriales, transformadores, distancias entre los módulos, etc.

Según lo anterior, solo se dispone de aproximadamente 22 por ciento (unos 33.400 km²) de la superficie total para la instalación de módulos fotovoltaicos o de chimeneas solares. En total, se esperaría en Venezuela una producción anual de aproximadamente 3.745 TWh de energía solar, tomando en cuenta la tecnología actual.

Ejemplo:

Si la superficie calculada en 33.400 km² se divide en dos partes de igual tamaño y se instalan respectivamente la misma cantidad de chimeneas solares y de centrales fotovoltaicas en la misma cantidad, se obtiene el siguiente panorama:

- 6 km² por cada chimenea solar, con 200 MWp de capacidad instalada cada una (160 Gwh/km²/a para Venezuela [BMU 04]) darían como resultado una capacidad instalada de 556 GWp (2.783 centrales, 2.700 TWh/a) en 16.700 km².

- 10 m² por cada KWp de capacidad instalada de energía fotovoltaica corresponderían a una capacidad instalada de 387 GWp (1.045 TWh/a) en 16.700 km². (Compárese con la Tabla 6.2)

Realmente estos ejemplos pueden ser planteados desde el punto de vista técnico, aún cuando actualmente no se ha dado la aplicabilidad política y económica.

6.2.2.4 Potenciales técnicos de energía final

El potencial técnico de energía final depende del desarrollo ulterior técnico y económico de la generación de electricidad por medio de tecnología fotovoltaica; de las opciones de competitividad y de las condiciones marco del sector energético en términos económicos y políticos.

El aprovechamiento de las áreas libres y de techos solo es razonable en Venezuela si la energía producida por medios fotovoltaicos pudiera ser llevada directamente al consumidor sin ninguna pérdida en la red o en el almacenamiento. En caso contrario, tales pérdidas deben ser tomadas en cuenta.

Cálculos basados en la simulación han revelado que una necesidad significativa de almacenamiento solo es necesaria en caso de que se produzca un "alcance" o penetración de 10 a 20 por ciento de la energía renovable dentro de la energía generada de manera convencional y consumida. En este contexto, dicho „alcance" se determinaría dividiendo el cociente entre el promedio anual de la energía renovable fluctuante introducida en la red y el consumo anual de energía en dicha red. [Wiese 93].

Debido a que para las próximas dos décadas no se desea un alcance de este tipo por razones técnicas, económicas y políticas, este planteamiento no debería ser considerado. El alcance que se espera en Venezuela constituye una interrogante a la que deberá dar respuesta la situación política y económica futura. En este trabajo se estima en 0,3 por ciento para el potencial técnico de generación en las áreas libres y de techos [MEM 01].

En las áreas libres se debe tener en cuenta que en las instalaciones correspondientes se debe lograr la independencia del sistema eléctrico público y emplear los sistemas conocidos como "insulares". Como "sistema insular" se define aquel que proporciona energía eléctrica con independencia de la red principal, aún cuando originalmente se refería en realidad al abastecimiento eléctrico de una isla [BMU 04]. Aproximadamente 1,2 millones de personas en Venezuela viven sin electrificación, a lo cual se añade el hecho de que el gobierno venezolano está planificando una descentralización de la población. En la actualidad, la situación de los costos y de almacenamiento de energía representa un problema para los sistemas insulares.

Con un incremento de 0,3 por ciento en la electrificación de las áreas rurales, y la posibilidad de emplear instalaciones fotovoltaicas y termosolares, se podría generar aproximadamente 11,7 TWh de electricidad, con una capacidad instalada de 83 GWp. Hasta el año 2050, aproximadamente 5.000.000 de venezolanos en las áreas rurales podrían abastecerse con electricidad generada de manera renovable.

La Tabla 6.2 muestra una posible solución de la descentralización:

6. Los escenarios

Consumo anual de energía final del sistema público (2003)	90 TWh/a
Potencial técnico de generación en las áreas de techos	266 TWh/a
Potencial técnico de generación en las áreas libres:	
- Instalaciones fotovoltaicas	1.045 TWh/a
- Instalaciones termosolares	2.700 TWh/a
Estimado máximo para la ampliación del uso de energía solar:	
- Potencial técnico de generación en las áreas de techos	~ 0,3%
- Potencial técnico de generación en las áreas libres;	~ 0,3%
Pérdidas de distribución	~ 8%
Potencial técnico de energía final resultante	11,7 TWh/a
- Áreas de techos:	0,7 TWh/a + áreas libres
- Instalaciones fotovoltaicas:	3 TWh/a + áreas libres
- Chimeneas solares:	8 TWh/a
Capacidad instalada total	2,8 GWp
- Áreas de techos:	15 MWp
- Instalaciones fotovoltaicas en áreas libres:	1,2 GWp
- Chimeneas solares en áreas libres:	1,6 GWp

Tabla 6.2: Cálculo del potencial técnico de energía final

Para obtener datos más exactos sobre el potencial de energía final, se deben considerar y analizar las siguientes suposiciones:

- La energía eléctrica generada mediante instalaciones fotovoltaicas debería desarrollarse en el entorno de las redes de distribución existentes.

- Las pérdidas de red no deberían superar el 8 por ciento (véase también Tabla 6.2)

- Debe almacenarse una parte de la energía debido a las diferencias estacionales entre la oferta y la demanda. Para ello, se debe analizar el perfil de consumo, la capacidad de regulación del parque de generación convencional y la característica de la generación renovable, un ejemplo de lo cual ya se ha representado en la Tabla 6.5.

- La necesidad de almacenamiento debe ser calculada de manera precisa. En Alemania, por ejemplo, se toma un 40 por ciento y el potencial técnico de generación es aprovechado completamente [Beyer 90].
- También se deben realizar cálculos sobre las centrales de bombeo y la tecnología de hidrógeno para Venezuela. Dos de los parámetros a considerar son la temporada de sequía y la demanda máxima requerida.

De la energía eléctrica producida mediante instalaciones fotovoltaicas, el porcentaje que se va a almacenar debería en principio almacenarse provisionalmente, primero en las centrales de bombeo y luego como hidrógeno producido por electrólisis. Una vez calculada la necesidad de almacenamiento adicional, se debe verificar la ampliación de las centrales de bombeo existentes.

- Previendo la máxima ampliación se debe aspirar a lograr la capacidad de regulación o de ajuste de las centrales eléctricas convencionales tanto a los requerimientos de energía eléctrica, como a la capacidad de generación de energía renovable fluctuante.
- Se debe tomar en cuenta la distribución regional del potencial de energía final, o mejor dicho, las capacidades requeridas en las distintas zonas de Venezuela.
- Considerando la generación de electricidad por medio de centrales hidroeléctricas, se debería evaluar además qué capacidad eléctrica solar pudiera incorporarse cuando los embalses se sequen e impidan a las centrales eléctricas producir a toda su capacidad y se presenten picos de consumo.

En el año 2003, se produjo agua caliente por medio de electricidad en aproximadamente un millón de viviendas venezolanas. Las empresas y las instituciones públicas obtienen el calor por medio de grandes instalaciones de gas.

6.2.2.5 Costos de una generación de energía solar, costos del sistema, costos específicos de la provisión de energía

Los costos constituyen otro criterio importante para evaluar la producción de la energía solar. Los costos totales de instalación y operación de los generadores fotovoltaicos están compuestos por los costos de los módulos, el inversor, los sistemas de retención, la conexión a la red, la planificación, la instalación, eventualmente el almacenamiento, y otros. Los costos de operación se calculan tomando en cuenta los costos de mantenimiento y reparación, los seguros y otros, tales como la limpieza de los módulos y el alquiler del contador. Al mismo tiempo, se hace una diferencia entre las instalaciones sobre los techos de los edificios — es decir, instalaciones pequeñas de una potencia de hasta aproximadamente 20 KWp — e instalaciones en áreas libres en el orden de los MWp.

En Venezuela, los costos de una instalación fotovoltaica ascienden a aproximadamente € 7.500 por KWp, donde 1 KWp de capacidad instalada corresponde a una superficie de aproximadamente 10 m². Para poder abastecer con energía solar a todos los hogares, estimando un consumo mensual de aproximadamente 320 KWh, deberían efectuarse inversiones por un monto cercano a 37,5 millardos de euros. Esta suma corresponde aproximadamente al 95 por ciento de los ingresos venezolanos por la factura petrolera en el año 2004 [MEM 04].

Los costos por KWh ascienden a € 0,18, calculados a 20 años de producción de energía eléctrica mediante instalaciones fotovoltaicas. Actualmente, en comparación con las posibilidades convencionales de generación eléctrica mediante combustibles fósiles, los costos de transformación de energía fotovoltaica en energía eléctrica son todavía mayores en una proporción entre 5 y 10. (véase sección 6.3). En cuanto a los sistemas insulares, los costos de producción alcanzan valores que van desde 0,30 hasta 1,00 €/KWh [BMU] (véase también Tabla 6.3).

Según [BMU 04], los costos de electricidad para las centrales eléctricas termosolares se ubican entre 0,09 y 0,16 €/KWh para la generación únicamente solar; y entre 0,03 y 0,08 €/KWh para cuando se emplea la tecnología híbrida. Este tipo de centrales de generación eléctrica es más competitivo que el fotovoltaico. Una instalación con esta tecnología sería rentable a partir de los 50 MWp de capacidad instalada.

6. Los escenarios

Proyecto	Venezuela Simulación solar fotovoltaica	Tailandia Mae Hong Son Sistema de apoyo a la red eléctrica	Oferta casa solar pasiva para Venezuela Simulación solar fotovoltaica	Leipzig Espenhain
Capacidad (en KWp)	1	500	2.000	5.000
Inversiones (en €)	14.000	3.860.468	24.600.000	50.000.000
Costos operacionales anuales (en €/a)	100	9.245	14.793	55.470
Producción anual de energía (en KWh/a)	2.700	650.000	5.400.000	13.500.000
Costos específicos de transformación de energía [2] (en centavos de €/KWh)	31,19	16,5	24,26	19,93
Superficie del total de las instalaciones fotovoltaicas (en km²)	10		0,017	0,16
Emisiones evitadas de CO_2 (en toneladas/año)	0,689	483	2.839	3.700
Número de hogares o de clientes	1 hogar	5.763 clientes	740 hogares	1.800 hogares
Cantidad y tipo de módulos fotovoltaicos (en número x capacidad)	20 x 50W		12.600 x 159 W	33.500 x 149 W

[2] Período de amortización: 20 años

Tabla 6.3: Costos específicos de transformación de electricidad a partir de diferentes centrales eléctricas fotovoltaicas

6.2.3 Generación de energía eólica en Venezuela

La energía eólica ha sido utilizada como fuente energética desde la antigüedad. La capacidad instalada de energía eólica ha aumentado considerablemente en Alemania desde los años noventa. Hasta finales de 2003 se había instalado casi 15.400 aerogeneradores con una capacidad instalada total de 16,6 GW. En el año 2003 la energía eólica contribuyó con aproximadamente 3 por ciento de la generación eléctrica en Alemania (18,5 TWh), lo que corresponde a una reducción de CO_2 de unas 16 millones de toneladas [BMU 04].

En ningún país del mundo hay más aerogeneradores que en Alemania, mientras que, en Venezuela, hasta el momento, los aerogeneradores apenas han sido utilizados. Ante esta realidad, en la presente sección se analizarán los potenciales técnicos y los costos correspondientes de una generación eléctrica mediante energía eólica en Venezuela.

Para ello, primero se debe plantear cuál es la oferta de energía con tecnología eólica. Seguidamente se analizan los potenciales de superficie apropiados para una instalación de aerogeneradores, considerando los parámetros restrictivos, lo que permite estimar la generación de energía eólica posible desde el punto de vista técnico. Luego se determina el porcentaje que, considerando las restricciones relacionadas con la red y la demanda, puede integrarse al sistema público. Para concluir se analizan los costos absolutos y específicos estimados para la electricidad generada mediante energía eólica.

6.2.3.1 Oferta teórica de energía aprovechable mediante tecnología eólica en Venezuela

Las diferencias en la irradiación solar debido a la cercanía o lejanía del ecuador, al cambio entre el día y la noche, a la influencia de la nubosidad, al distinto calentamiento del agua y de la tierra, y a los diferentes modos de calentamientos de la superficie del suelo, en función de la altura sobre el nivel del mar, la vegetación y el grado de urbanización, conducen a la formación de zonas con una presión atmosférica distinta, llamadas anticiclones y depresiones. Los esfuerzos por compensar la diferencia de presión existente originan corrientes de aire que se caracterizan por fuertes oscilaciones en términos de tiempo y de lugar. Esos movimientos del aire en las capas

6. Los escenarios

atmosféricas bajas relativamente cercanas a la superficie terrestre se denominan "viento" [Jarras 81].

Debido a esta relación de variables, la oferta de energía eólica dentro de Venezuela está sometida a grandes fluctuaciones. Por ejemplo, las corrientes atmosféricas con mayores velocidades promedio en el país predominan en la costa, debido a que las masas de aire trasladadas sobre el mar prácticamente no frenadas. En el interior del país, las velocidades promedio disminuyen fuertemente a medida que aumenta la distancia de la costa. Debido a la irregularidad del relieve, en la tierra ocurre un desplazamiento de las líneas de igual velocidad promedio del viento, a una altura sobre el suelo cada vez más elevada.

Figura 6.5: Zonas con iguales velocidades promedio del viento en Venezuela (según [CHITTY 82])

La Figura 6.5 muestra la proyección de las relaciones entre las variables sobre el viento en dirección norte-sur dentro de Venezuela, entre la región de la costa y la del Amazonas. La costa occidental de Venezuela muestra velocidades promedio anuales del viento por encima de 5,6 m/s. En el ámbito de la costa oriental de Venezuela, las velocidades promedio anuales de las corrientes de aire se encuentran entre 3 y 4 m/s. En el interior del país, las velocidades son menores debido al efecto de frenado de las irregularidades del relieve. Las velocidades anuales del viento en el orden de magnitud de 3 m/s, se presentan en toda la parte occidental de la región de Los Andes. En las restantes regiones de Venezuela predominan velocidades promedio anuales del viento de 2 m/s en las llanuras. En la región del Amazonas, al sur del río Orinoco, las velocidades promedio anuales de las corrientes de aire se encuentran incluso por debajo de 2 m/s (compárese con Figura 6.5).

Hasta el momento se han analizado los fundamentos teóricos de la oferta de energía eólica y su distribución regional. Ahora la meta es analizar los potenciales de superficie correspondientes que pueden ser aprovechados con tecnología eólica, es decir, determinar cuál es la superficie técnicamente apta para instalar aerogeneradores.

Partiendo de las líneas isométricas de igual velocidad promedio del viento en Venezuela (compárese la Figura 6.5) se pueden calcular las superficies correspondientes en cada región. Primero se divide el territorio venezolano visualizado en un mapa en 5 áreas de dimensiones definidas, a saber:

- Zona de la costa occidental, con una velocidad promedio anual del viento de al menos 5 m/s

- Zona de la costa oriental, con una velocidad promedio anual del viento de al menos 3 m/s

6. Los escenarios

- Zona de la región de Los Andes, con una velocidad promedio anual del viento de al menos 2 m/s
- Zona de Los Llanos, con una velocidad promedio anual del viento de al menos 3 m/s
- Zona del Amazonas, por debajo del río Orinoco, con una velocidad promedio anual del viento de al menos 1 m/s

Distribución de las regiones de Venezuela según las superficies con similares velocidades del viento (Referencia: elevación de 10 m sobre el suelo)	Superficie utilizable [miles de km^2] para la generación de electricidad mediante energía eólica (porcentaje de la superficie total)
- Zona de la costa occidental, con una velocidad promedio anual del viento de al menos 5 m/s	28 (2%)
- Zona de la costa oriental, con una velocidad promedio anual del viento de al menos 3 m/s	232 (16%)
- Zona de Los Llanos, con una velocidad promedio anual del viento de al menos 3 m/s	206 (14%)
- Zona de la región de Los Andes, con una velocidad promedio anual del viento de al menos 2 m/s	615 (41%)
- Zona del Amazonas, por debajo del río Orinoco, con una velocidad promedio anual del viento de al menos 1 m/s	414 (28%)

Tabla 6.4: Distribución de las regiones de Venezuela según las superficies con similares velocidades del viento y las superficies utilizables (en km^2 y a una elevación de 10 m sobre el suelo)

En la Tabla 6.4 se evidencia que en un 32 por ciento de la superficie de Venezuela, como mínimo, predomina una velocidad promedio del viento de al menos 3 m/s. En el 2 por ciento de la superficie del país se puede contar con una velocidad promedio anual del viento de al menos 5 m/s, a una elevación de 10 m. En la región de Los Andes y la región del Amazonas, que representan en conjunto aproximadamente 69 por ciento de la superficie del país, se cuenta con una velocidad promedio anual del viento entre 1 y 3 m/s.

Los potenciales de superficie con velocidades promedio del viento de más de 4 m/s, es decir, velocidades de corrientes de aire que sea razonable aprovechar desde el punto de vista técnico con la tecnología actual se observan básicamente en gran escala solo en las regiones de la costa noroccidental (al norte del Estado Zulia y en el Estado Falcón). En este contexto, no es posible una subdivisión regional, debido a la carencia de suficientes datos.

6.2.3.2 Potencial técnico de generación eléctrica en Venezuela

Partiendo del procedimiento descrito en la sección 6.2.1, primero se calcula el rendimiento eléctrico instalable mediante el viento. Las zonas correspondientes, descritas y determinadas en la sección 6.2.3.1, son superficies en las cuales durante años han existido velocidades del viento que en promedio se mueven dentro de un cierto rango. Los datos se establecen con base en relativamente pocas estaciones de medición y corresponden a una elevación de 10 m sobre el suelo. Las áreas descritas aún no representan un potencial de superficie aprovechable con tecnología eólica. Una instalación de aerogeneradores solo es posible en una parte de estas regiones, debido a que un porcentaje respetable ya está siendo utilizado de otra manera.

Los criterios que descartan un aprovechamiento de la energía eólica en ciertas áreas se subdividen según [Wiese 93] para el caso de Alemania en dos categorías, las cuales han sido adaptadas para el territorio venezolano.

La primera categoría abarca parámetros restrictivos que descartan por completo un aprovechamiento de la energía con tecnología eólica. Por ejemplo, no se puede o bien no está permitido instalar aerogeneradores en edificios, en las áreas libres que los rodean, en áreas industriales, de

6. Los escenarios

circulación, protegidas o recreativas. Además de estas restricciones más bien generales, también deben ser contemplados los siguientes criterios como parámetros restrictivos:

- Áreas urbanizadas e industriales en ciudades y comunidades.
- Áreas con construcciones y áreas libres adyacentes a zonas cerradas (entre otras, las granjas particulares, incluyendo las áreas industriales que las rodean).
- Áreas ocupadas por autopistas y carreteras de rango nacional, estadal, distrital y municipal, así como las carreteras no pavimentadas y otras, adyacentes a zonas cerradas, incluyendo las franjas de seguridad correspondientes.
- Otras áreas de circulación, incluyendo las regiones fronterizas, como por ejemplo líneas férreas, canales, ríos acondicionados como vías federales de navegación, teleféricos, trenes de levitación magnética e instalaciones de tecnología aérea (aeropuertos, aeródromos y pistas de aterrizaje, así como aeródromos de planeadores, y rutas de taxeo requeridas)
- Trazados de líneas de transporte de energía y de información, es decir, líneas aéreas y eventualmente subterráneas, de alta, media y baja tensión; conexiones telefónicas y líneas de largas distancias de transmisión de datos; líneas de largas distancias y de distribución de agua potable; oleoductos y poliductos; líneas de largas distancias de transporte y líneas de distribución de gas natural, etc.
- Equipos regionales y suprarregionales de emisión y de recepción, o bien sus estrechos campos de radiación o los sistemas de radioenlace por microondas (en Venezuela, por ejemplo, la compañía telefónica

CANTV, las instituciones militares y diversas entidades de investigación).
- Áreas de uso industrial: minas de carbón mineral, hierro y aluminio a cielo abierto, áreas de almacenamiento de mercancías a granel, entre otras.
- Áreas de uso militar: áreas de ejercicio, almacenes, campos de tiro, etc.
- Regiones que por leyes, ordenanzas o reglamentos similares no deben someterse a un aprovechamiento técnico, por ejemplo, las reservas naturales.
- Cuerpos de aguas en movimiento (arroyos, ríos) y eventualmente de aguas tranquilas (biotopos húmedos, charcas, estanques, lagos, entre otros).
- Áreas que no pueden ser utilizadas debido a las condiciones geológicas y topográficas (un subsuelo inseguro por condiciones geológicas, despeñaderos) y debido a la estructura de las capas superiores del suelo (pantanos, humedales).

En la segunda categoría se reúnen los parámetros restrictivos que, dependiendo de cada caso particular, deben contemplarse como un criterio aparte o no. Esto ocurre, por ejemplo, en zonas naturales protegidas en las que, si bien no existe ningún obstáculo legal importante para la instalación de aerogeneradores, se prevé una inspección en casos específicos. Concretamente hablando, se pueden reunir en esta categoría los criterios que limitan el potencial que se presentan a continuación:

- Restricciones legales, que eventualmente se contraponen al aprovechamiento técnico; es decir, zonas naturales protegidas, parques y monumentos naturales, áreas de biotopos, refugios de pájaros. En Venezuela corresponderían a aproximadamente el 30 por ciento del territorio nacional.

6. Los escenarios

- Otras regiones naturales: humedales, marismas, zonas de vuelo y de anidación de pájaros, cordones litorales, dunas costeras, etc.
- Regiones naturales en gran parte vírgenes, con funciones importantes, por ejemplo, diques de protección de terrenos, diques contra inundaciones, y otros en costas y ríos.
- Áreas explotadas con relevantes funciones ecológicas, climáticas y sociales: zonas forestales con refugios de animales silvestres interrelacionadas con zonas boscosas en las inmediaciones de las áreas metropolitanas y centros urbanos, entre otras.
- Regiones turísticas y de esparcimiento que tradicionalmente han dependido del turismo (en Venezuela, por ejemplo, la Selva Amazónica, o las playas).
- Áreas de recreación tanto en centros urbanos como en áreas metropolitanas, y en zonas de influencia dentro de las grandes ciudades.
- Regiones con subsuelos inestables, debido a la civilización, es decir, superficies adyacentes a minas con excavaciones, por ejemplo, los vertederos recultivados.
- Áreas agrícolas productivas con cultivos de muchos años (plantaciones frutales o parecidas) y/o con grandes cosechas (cultivo de hortalizas en el campo, de hierbas, etc.).
- Regiones parcialmente inundadas, es decir, zonas inundables en los entornos cercanos y lejanos de ríos, embalses de retención, etc.
- Terrenos de uso militar, es decir, zonas para el uso restringido de las Fuerzas Armadas Venezolanas, áreas

de ejercicio de destacamentos, zonas de vuelos rasantes, entre otras.

Estos criterios deben tomarse en cuenta para determinar los potenciales de superficie utilizables con tecnología eólica, es decir, las áreas que desde el punto de vista técnico serían apropiadas para la instalación de aerogeneradores. Por ello, las regiones que corresponden a estos factores restrictivos no deben ser tomadas en cuenta en las áreas descritas en la sección 6.2.3.1.

En vista de que la no disponibilidad de datos hace imposible considerar de manera explícita todos los parámetros restrictivos mostrados, básicamente solo se supone un aprovechamiento industrial de la energía eólica en regiones identificadas como áreas productivas para la agricultura. Al mismo tiempo queda implícito que no se deben talar áreas forestales para la instalación posterior de convertidores, ni implantar tales centrales en tierras declaradas como eriales.

Con respecto a las áreas de catastro de Venezuela, 72 por ciento es apto para instalar centrales pequeñas en regiones con registros de velocidad promedio anual del viento de al menos 2 m/s, y 32 por ciento es apto para un aprovechamiento de energía eólica en centrales más grandes en regiones con más de 4 m/s.

Sin embargo, tampoco puede considerarse toda la superficie productiva para la agricultura como completamente utilizable con tecnología eólica, porque los huertos familiares y frutales, los viveros, las praderas de pastos, etc., no están disponibles. De esta manera se podrían reducir las superficies potenciales, una vez se disponga de los datos. Lamentablemente, los mismos no están disponibles para este Trabajo de Grado.

Y, de hecho, el potencial de superficie que estaría restando no es completamente utilizable desde el punto de vista

6. Los escenarios

técnico. Por ejemplo, las superficies productivas para la agricultura que se encuentran debajo de líneas aéreas de alta tensión, no están disponibles. Además, se deben respetar determinadas franjas de seguridad con respecto a edificios y calles, líneas férreas y aeródromos, líneas aéreas de alta tensión y sistemas de radioenlace por microondas, zonas forestales y otras zonas arboladas. En términos concretos se deben tomar en cuenta las siguientes distancias de seguridad [Wiese 93]:

- Casas aisladas y caseríos con un máximo de cuatro casas	200-500 m
- Otras poblaciones rurales	500 m
- Poblaciones urbanas	1.000 m
- Áreas de poblaciones especialmente turísticas	500-1.000 m
- Autopistas y calles de mucho tráfico	100-200 m
- Otras carreteras estadales y distritales	40-100 m
- Líneas ferroviarias con transporte de pasajeros	40-100 m
- Aeródromos y pistas de aterrizaje	Zona con prohibición de construcción
- Líneas aéreas de alta tensión desde 30 KV	50-200 m
- Sistemas de radioenlace por microondas	50-200 m
- Instalaciones militares	Áreas de protección externas o pruebas particulares
- Parques nacionales, reservas naturales	200-500 m
- Zonas forestales y paseos arbolados	200 m
- Águas	50-200 m
- Diques de protección de terrenos	300-500 m
- Otros diques	50-200 m

Cabe destacar que no es posible considerar específicamente en cuánto se reducen las superficies potencialmente disponibles por estas distancias destinadas a la seguridad y prácticamente los otros factores de influencia tampoco lo son.

Sin embargo, para estimar la magnitud en que afectan dichos factores, se ha decidido asumir que, para respetar las distancias de seguridad, aproximadamente 10 por ciento de la superficie total disponible desde el punto de vista técnico para la instalación de aerogeneradores, no puede ser utilizada. Adicionalmente, para los otros parámetros restrictivos discutidos, se presupone una reducción de 7 por ciento. Así, sobre la base de los potenciales de superficie presentados, se puede determinar la superficie que sería posible aprovechar desde el punto de vista técnico para la instalación de aerogeneradores, en cada distrito.

Considerando las suposiciones y limitaciones discutidas anteriormente, se obtienen los potenciales técnicos de superficie representados en la Tabla 6.5, es decir, las regiones donde en promedio, durante muchos años, predomina una determinada velocidad media del viento, y que desde el punto de vista técnico son apropiadas para una instalación de aerogeneradores.

6. Los escenarios

Distribución de las regiones de Venezuela según las áreas con similar velocidad anual del viento (velocidad del viento a una elevación de 10 m sobre el suelo)	Km² utilizables para generar electricidad mediante energía eólica
- Zona de la costa occidental, de al menos 5,6 m/s	4.800
- Zona de la costa occidental, de al menos 4,2 m/s	12.000
- Zona de la costa occidental, estados Carabobo y Miranda, de al menos 2,8 m/s	32.000
- Zona de la costa oriental, de al menos 2,8 m/s	6.500
- Zona de la región de Los Andes, de al menos 2,8 m/s	2.000

Tabla 6.5: Potenciales técnicos de superficie para la instalación de aerogeneradores en las diferentes zonas de Venezuela.

6.2.3.3 Fundamentos técnicos, técnicas de aprovechamiento y su respectivo requerimiento de superficie

La energía contenida en el viento es utilizable mediante el uso de tecnología, con la ayuda de convertidores de energía eólica que frenan las masas de aire en movimiento; parte de la potencia correspondiente a la reducción de la velocidad del viento se transforma en energía mecánica, con lo cual puede ser utilizable mediante tecnología.

Para determinar cuánta potencia se puede obtener del viento, se asume que éste circula casi verticalmente por el área del rotor. Así se puede determinar el volumen de aire que pasa por la superficie circular del rotor y, con ello, se puede calcular la potencia de la diferencia de velocidad utilizable. La ecuación (6.1) describe esta relación [Hau 88].

$$P_N = \frac{1}{4} \rho_L A_K (v_W^2 - v_G^2)(v_W + v_G) \quad (6.1)$$

donde

P_N Potencia de la diferencia de velocidad utilizable

ρ_L Densidad del aire

A_K Área del rotor por la que circula el viento

v_W Velocidad del viento sin interrupción

v_G Velocidad de viento detrás del rotor

En esta relación se observa que la potencia total contenida en el viento, u obtenida mediante el uso de tecnología, depende de la tercera potencia de la velocidad del viento.

Actualmente, en el mercado se diferencian básicamente dos tipos de instalaciones o modelos de rotores, a saber: los convertidores de eje vertical (Rotor-Darrieus y Rotor-Savonius), los cuales actualmente solo han conseguido una penetración muy limitada debido a que comparativamente tienen menores grados de acción, razón por la cual no se abordarán más exhaustivamente en el presente trabajo; y las instalaciones de eje horizontal, con rotores de una, dos o tres palas.

En este Trabajo de Grado se toma como tecnología de referencia los aerogeneradores que fueron instalados en Colombia, en Jepirachi, primer parque eólico de Latinoamérica [GTZ 02]. De esta manera se puede dar una idea bastante aproximada del potencial eólico venezolano.

Los datos técnicos y los parámetros de este parque eólico son:

Velocidad del viento (media anual)	9,71 m/s
Tipo de instalaciones N60/1300	15 x Nordex
Rendimiento eléctrico por instalación (entre paréntesis el del parque eólico)	1,3 MW (19,5 MW)

6. Los escenarios

Altura de la torre	46 m
Diámetro del rotor	60 m
Número de palas del rotor	3
Área del rotor	2.828 m²
Velocidad de arranque del viento	3,5 m/s
Velocidad nominal del viento	13 m/s
Velocidad de desconexión	25 m/s
Velocidad de destrucción	70 m/s
Disponibilidad técnica	96,50%
Vida útil técnica	20 años

Los convertidores de energía eólica pueden ser instalados en forma aislada en lugares expuestos, alineados o agrupados, por ejemplo, en una instalación de filas una tras otra. En el caso de las últimas dos variantes de instalación mencionadas, se debe cumplir con determinadas distancias de seguridad entre los elementos individuales. Estas distancias dependen de las condiciones locales y deben respetarse para minimizar el sombreado recíproco de los diversos convertidores, y para otorgarle a cada instalación una acción del viento relativamente ininterrumpida. Por sombreado se conocen los efectos mediante los cuales los convertidores instalados que están relativamente cerca los unos de los otros, se "quitan" el viento de manera recíproca [Wiese 93].

El parque eólico en Jepirachi, Colombia, produce un rendimiento eléctrico aproximado de 87 GWh. Los convertidores eólicos fueron instalados en dos filas y distribuidos sobre una superficie de aproximadamente 1,2 km². Este proyecto de parque eólico fue construido con grandes aerogeneradores, al igual que los que se están instalando actualmente en Alemania. La dirección del viento en la región mencionada, en la frontera con Venezuela, es este-norte-este durante casi todo el año.

La irregularidad del relieve en las regiones limítrofes venezolanas es parecida a la que existe en el parque eólico Jepirachi. Debido a que se trata de un paisaje costero donde sopla mucho viento, los bosques no crecen más de 8 metros.

Existen dos maneras posibles de disponer las instalaciones que cuentan con más de un aerogenerador en un área limitada en función del comportamiento del viento, bien sea una disposición basada en una dirección preferencial del viento o una disposición sin una dirección clara de las corrientes de aire.

Por consiguiente, se debe respetar un cierto espacio alrededor de cada convertidor a fin de reducir los efectos de sombreo entre los aerogeneradores individuales. Dentro de esta área se logra cierto un equilibrio entre la velocidad de las masas de aire que circulan, reducida como consecuencia de la extracción de energía del rotor, y las corrientes de aire ininterrumpidas. Por ende, luego de superar esta distancia, en la instalación más cercana se puede suponer nuevamente un comportamiento relativamente ininterrumpido del viento. La distancia necesaria entre las distintas instalaciones depende, entre otras, de las condiciones meteorológicas y topográficas del lugar donde estén ubicadas las instalaciones, y este margen puede variar.

Los convertidores pueden instalarse en varias líneas horizontales, una detrás de la otra, si dependiendo de la ubicación se da una dirección preferencial del viento, y si son favorables las circunstancias topográficas para la instalación de aerogeneradores (compárese Figura 6.5, lado derecho). Debido a que la mayoría de las veces el viento proviene de una sola dirección, la reducción de los efectos de sombreo debe realizarse considerando únicamente esta dirección principal del viento. Bajo estas condiciones marco, el área que en promedio se deja libre alrededor de un aerogenerador se puede describir, con una buena aproximación, como un rectángulo. La anchura mínima absoluta de tal rectángulo se puede determinar por medio del diámetro del rotor del aerogenerador; y su largo, multiplicando el diámetro del rotor por un factor de distancia que depende del lugar. El factor de distancia puede oscilar aproximadamente entre 6 y 15, dependiendo de las respectivas circunstancias del lugar. Si no existe una dirección preferencial del viento y si las circunstancias topográficas para la instalación de aerogeneradores son menos favorables —por ejemplo, en regiones con colinas — los efectos de sombreado deben reducirse en todas las direcciones. Bajo estas condiciones, lo que corresponde es reservar un área de forma circular para cada aerogenerador, la cual se puede describir aproximadamente por medio de un hexágono regular. El área en forma de hexágono está caracterizada por una diagonal, la cual también se define multiplicando el diámetro del rotor por un factor de distancia. Dicho factor varía normalmente dentro de una anchura de banda entre 6 y 15, equiparable a las de instalaciones de aerogeneradores con una dirección preferencial del viento; es decir, cada una según las circunstancias locales y el comportamiento del viento [Wiese 93].

6.2.3.4 Potenciales técnicos de generación eléctrica

Partiendo de la manera de proceder descrita en la sección 6.2.1, primero se calcula cuántos grupos de aerogeneradores se pueden instalar. Así, acto seguido, se puede determinar la energía que se podrá obtener anualmente para cada zona, dependiendo de la tecnología de instalaciones y de las velocidades promedio del viento. La generación de electricidad para esas zonas se puede extrapolar a las áreas respectivas, con los parámetros técnicos del prototipo del parque eólico en Colombia, así como con sus características de rendimiento.

Antes de realizar los cálculos ya mencionados, se deberían convertir las velocidades del viento medidas a una elevación de 10 m, al perfil de altura requerido por los aerogeneradores Nordex descritos (46 m de altura de buje).

Existen procesos que ofrecen una descripción de la velocidad del viento en función de la altura y que al hacer esto toman en cuenta la estratificación térmica o la longitud del relieve [Bernfeld 93]. La ley exponencial de **Hellmann** busca describir el perfil de la capa límite.

$$v_{h_2} = v_{h_1} \left(\frac{h_2}{h_1} \right)^{\rho} \quad (6.2)$$

Donde

v_{h_1}	velocidad del viento a la altura de medición
v_{h_2}	velocidad del viento buscada, a la altura h_2
h_1	altura de medición
h_2	altura de interés (por ejemplo, la altura de buje)
ρ	exponente de rugosidad o de perfil del viento

El exponente de rugosidad depende de la estratificación térmica, de la longitud de un determinado relieve en el terreno, y de la altura sobre el suelo. La Convención Europea de la Construcción Metálica (ECCS según sus siglas en inglés) hace una clasificación en cinco tipos para facilitar el cálculo del exponente de rugosidad, los cuales se mencionan en la Tabla 6.6.

6. Los escenarios

Tipo	Descripción	Exponente de rugosidad p
I	Lago, 5 km de alcance del viento	0,1
II	Regiones planas con obstáculos aislados	0,15
III	Regiones rurales con edificios más pequeños, árboles y arbustos	0,2
IV	Regiones urbanas, zonas forestales	0,25
V	Grandes ciudades	0,35

Tabla 6.6: Exponentes de rugosidad para distintos tipos de relieve según la Convención Europea de la Construcción Metálica

En la Tabla 6.7 se describe una conversión de las velocidades de las cinco zonas, a la altura de buje de 46 m de un aerogenerador Nordex.

Zona	V_{h1} [m/s]	V_{h2} [m/s]
1	5,6	6,5
2	4,2	5,3
3	2,8	3,8
4	2,8	3,3
5	2,8	4,1

Tabla 6.7: Extrapolación de las velocidades del viento, de 10 m a 46 m de altura según Hellmann

Distribución de las regiones de Venezuela según las áreas con similares velocidades promedio anuales del viento (velocidades del viento a una elevación de 10 m sobre el suelo)	Datos en TWh/a (número de parques eólicos posibles como el de Jepirachi, Colombia) [capacidad instalada en GW]
- Zona de la costa occidental de al menos 5,6 m/s	164 (4.000) [78]
- Zona de la costa occidental de al menos 4,2 m/s	245 (10.000) [195]
- Zona de la costa occidental, estados Carabobo y	183 (21.600) [421]
- Zona de la costa oriental de al menos 2,8 m/s	27 (5.416) [105]
- Zona de la región de Los Andes de al menos 2,8 m/s	18 (1.600) [31]

Tabla 6.8: Potenciales de generación de electricidad mediante energía eólica por área en Venezuela

La Tabla 6.8 muestra los potenciales técnicos de generación eléctrica resultantes de estos cálculos en regiones particulares de Venezuela caracterizadas por vientos abundantes, para velocidades promedio anuales del viento de más de 2,8 m/s, referidos a una elevación de 10 m sobre el suelo (véase Tabla 6.7 para una conversión a la altura de 46 m).

Las regiones con menos de 4 m/s, a la altura de 46 m, son excluidas del resto de los cálculos del potencial técnico eólico. La razón radica en que no se considera rentable colocar aerogeneradores en las zonas de la costa oeste, los Estados Carabobo y Miranda, así como en la región de Los Andes (aquí los costos del transporte de las torres, las fundaciones, entre otros, son elevados debido a la altura de las montañas).

Las velocidades promedio anuales del viento para la zona de la costa oriental, a la altura de 46 m (véase Tabla 6.7) alcanzan el valor de 3,8 m/s. En este contexto, no vale la pena invertir en una primera fase de desarrollo de energía eólica, debido a que los costos de transporte e infraestructura son altos, y a que la generación eléctrica

6. Los escenarios

con aerogeneradores sería menor en las regiones con un bajo potencial del viento en comparación con aquéllas que gozan de vientos abundantes.

Por consiguiente, al instalar exclusivamente aerogeneradores del tipo descrito (prototipo 1.300 KW), se produciría un potencial de generación eléctrica de aproximadamente 409 TWh/a para la primera y la segunda zona (costa occidental, con una velocidad del viento de al menos 4,2 m/s a 10 m de altura).

Este potencial técnico de generación eléctrica mediante energía eólica, comparado con la generación de energía eléctrica del año 2003, de 90 TWh aproximadamente, representa cuatro o cinco veces ese valor (ó 453% más de generación eléctrica).

Consumo anual de energía final del sistema público (2003)	90 TWh/a
Potencial técnico de generación (Zona 1)	164 TWh/a
Potencial técnico de generación (Zona 2)	245 TWh/a
Ampliación máxima del potencial de generación con tecnología eólica	~ 2%
Pérdidas de distribución	~ 8 %
Potencial técnico de energía final resultante (Zona 1: 3 TWh/a + Zona 2: 4,5 TWh/a)	7,5 TWh/a
Capacidad total instalada (Zona 1: 1,6 GWp + Zona 2: 3,9 GWp)	3,9 GWp

Tabla 6.9: Cálculo del potencial de energía final con tecnología eólica hasta el año 2020

6.2.3.5 Costos de la generación de energía eólica

A continuación, se analizan los costos específicos de transformación de electricidad para estimar los gastos que están relacionados con el aprovechamiento del viento como fuente de energía. Para esto, primero se calculan los gastos variables y fijos que implican los aerogeneradores descritos en este Trabajo de Grado, y a partir de allí se determinan los costos específicos de generación en función de la oferta de energía eólica.

6.2.3.6 Costos totales del sistema

Las inversiones totales se componen de los gastos de fabricación de los aerogeneradores, de transporte e instalación, de las fundaciones y de la conexión a la red, y de otros gastos tales como los costos de planificación y de infraestructura de transporte. Por su parte, el costo de operación resulta básicamente de los costos de mantenimiento y reparación, los costos de arrendamiento del terreno de la instalación, y los seguros.

Si se combinan todos esos gastos y costos propios del montaje de un parque eólico particular como el de Jepirachi en el norte de Colombia, se obtienen los gastos descritos en la Tabla 6.10. Este ejemplo en concreto también puede considerarse como representativo para otros parques eólicos con una capacidad instalada similar, en las regiones costeras de Venezuela.

Plan de inversión–Uso de recursos	Monto (en euros)	Por KWp (en euros)	Proporción (%)
I. Gastos generales de construcción			
I.I Almacén, área de carga y taller	164.323	8	1,01
I.II Vías de acceso para transporte	817.293	42	5,03
I.III Lugar para el montaje (grúas, etc.)	93.991	5	0,58
I.IV Subestación	248.850	13	1,53
I.V Gastos imprevistos generales de construcción (10%)	132.445	7	0,81
II. Fundación	1.138.893	58	7,01
III. Generadores llave en mano y en funcionamiento, incluido el transporte	10.499.176	538	64,60
IV. Equipamiento para la conexión a la red	2.663.289	137	16,39
V. Gestión ambiental	493.582	25	3,04
Total	16.251.842	833	100,00
Costos anuales			
Operación y mantenimiento	325.000	17	
Seguros	150.000	8	
Total	475.000	24	
Producción de energía anual en KWh/a	82.000.000		
Costos específicos de transformación de energía (en centavos de €/KWh)	1,57		
Emisiones de CO_2 800.000 (€ 3,07)	2.456.000		
Costos específicos de transformación de energía, tomando en cuenta el comercio de emisiones (en centavos de €/KWh)	1,4		

Tabla 6.10: Inversiones, gasto anual, montos totales anuales de producción de energía y costos correspondientes de transformación de electricidad para el parque eólico Jepirachi

Con base en las magnitudes mostradas en la Tabla 6.10 para el parque eólico Jepirachi, la Tabla 6.11 muestra la comparación de los costos de transformación de energía entre este parque eólico y las dos zonas analizadas de Venezuela. Si en Venezuela se construyesen parques

6. Los escenarios

eólicos de las mismas dimensiones que el de Jepirachi, en las Zonas 1 y 2 se tendrían costos de transformación de electricidad de 3,13 centavos de €/KWh y 5,26 centavos de €/KWh respectivamente.

Ubicación del parque eólico	Producción anual de energía en KWh/a	Costos específicos de transformación de energía en centavos de €/KWh
Jepirachi (Colombia)	82.000.000	1,57
Zona 1 (Venezuela)	41.074.183	3,13
Zona 2 (Venezuela)	24.480.946	5,26

Tabla 6.11: Comparación de los costos específicos de transformación de energía en las zonas analizadas de Venezuela.

6.3 Escenario de combinación de diversas fuentes de energía (CFE)

El objetivo de las secciones 6.1 y 6.2 ha sido describir los potenciales técnicos de energía de los escenarios analizados, considerando las diferentes restricciones. Además, se analizaron y discutieron los costos de las fuentes de energía, relacionados con el aprovechamiento de esa oferta de energía y con los costos correspondientes de suministro de energía útil.

A continuación, se comparan las diferentes opciones entre sí y se analizan considerando el sistema energético existente actualmente en Venezuela.

6.3.1 Breve comparación

El objetivo de esta sección es comparar los potenciales de los dos escenarios presentados con el consumo de energía final actual. Primero se comparan entre sí las posibilidades que pueden agruparse en virtud de los criterios de mayor importancia. Seguidamente se presenta una comparación del potencial total que evalúa los potenciales técnicos de las fuentes de energía descritas, y en la que se toman en cuenta las restricciones de reducción del potencial presentes en un aprovechamiento combinado.

Oferta de energía en Venezuela. Con respecto a la oferta de energía en Venezuela, se demostró en los dos escenarios descritos que un aprovechamiento pleno de uno de ellos no representa la solución perfecta. A continuación, primero se comparan los posibles potenciales técnicos de generación eléctrica y los potenciales correspondientes de energía final de las fuentes renovables y de las opciones petróleo-agua que aprovechan esa oferta de energía para obtener energía eléctrica. Seguidamente se compara la energía generada actual en Venezuela y el consumo de energía final correspondiente a la energía eléctrica.

Generación eléctrica fotovoltaica. El potencial técnico de una generación eléctrica fotovoltaica o termosolar se obtiene a partir de las superficies teóricamente disponibles para una instalación de módulos o colectores solares. Considerando el aprovechamiento actual de las tierras, se trata básicamente de las superficies de techos y de una parte de las superficies cultivadas.

Si se parte de los generadores fotovoltaicos que actualmente se venden bien en el mercado, luego de la ampliación se obtiene un potencial de generación eléctrica de 0,7 TWh/a aproximadamente correspondiente al potencial de superficie de colectores sobre las superficies de techos (potenciales de superficie de edificios residenciales y no residenciales). En las áreas libres utilizables con tecnología solar se presenta un potencial de generación eléctrica de 3 TWh/a aproximadamente para la utilización de energía fotovoltaica, y de 8 TWh/a para la utilización de centrales termosolares (véase Tabla 6.5). Esto implica instalar una capacidad fotovoltaica de 15 MWp en superficies de techos y de 1,2 GWp en áreas libres e instalar una capacidad termosolar, por ejemplo, chimeneas solares, de 1,6 GWp en áreas libres. Estos valores descritos representan así el potencial que podría incorporarse al sistema de suministro eléctrico en el marco de una generación eléctrica convencional y sin un requisito adicional de almacenamiento.

Generación eléctrica con tecnología eólica. El potencial técnico de generación eléctrica mediante energía eólica resulta de la oferta de ésta —con grandes variaciones de región en región— en las capas atmosféricas más cercanas al suelo. Actualmente, un aprovechamiento de energía eólica solo se considera técnicamente razonable si las velocidades promedio anuales del viento son mayores a 4 m/s. Venezuela tiene una superficie alrededor de 4.800 km^2 con velocidades del viento de más de 5,6 m/s (Zona 1) y una superficie de 12.000 km^2 aproximadamente con velocidades entre 4,2 y 5,6 m/s (Zona 2). La cantidad total de centrales instalables se puede estimar si se restan las porciones de la superficie que no son aptas para una instalación de convertidores, se prevé una distancia de seguridad entre los aerogeneradores individuales y se toman como base las características típicas de un convertidor de las instalaciones de gran tamaño disponibles actualmente en el mercado (~ 1.300 KW).

De aquí al año 2020 se prevé una ampliación máxima en la producción eléctrica total de 2%. Las restricciones relacionadas con el sistema también fueron consideradas en este potencial técnico de generación eléctrica. De allí resulta — tomando como base la diferencia en la oferta de viento en ambas zonas — un potencial técnico de generación eléctrica de 7,5 TWh/a aproximadamente, lo que corresponde a instalar una capacidad de 3,9 GW con tecnología eólica.

Esta ampliación máxima del uso de la energía eólica en la generación eléctrica sería tal suponiendo que permanentemente debe darse una generación eléctrica convencional de carga mínima para mantener la estabilidad del sistema, y que no se incorpora ninguna capacidad de almacenamiento adicional en el sistema de generación convencional. Así, esos casi 7,5 TWh/a de energía eólica serían en gran parte utilizables en el parque de generación convencional, sin necesidad de tomar medidas adicionales (sin considerables inversiones adicionales en el parque eólico ni en el sistema).

Generación hidroeléctrica. Por el momento, las centrales hidroeléctricas —Guri y Macagua— en la parte baja del curso del Caroní, tienen una capacidad instalada de aproximadamente 12,5 GW. Una tercera central hidroeléctrica, Caruachi, se encuentra en etapa de construcción y añadirá aproximadamente otros 2,1 GW. Las dos centrales que se encuentran en funcionamiento cubren 2/3 de la demanda eléctrica nacional actual y solo utilizan una parte del potencial total estimado del río Caroní, de más de 26 GW. Considerando otros ríos, el potencial total hidroeléctrico nacional de Venezuela se estima en 46 GW.

De allí se obtiene el potencial técnico de generación eléctrica, que en el área de las antiguas centrales hidroeléctricas se ubica en casi 54,5 TWh/a, y en la futura central hidroeléctrica, en 23 TWh/a aproximadamente. De esta manera, para el año 2020 se podrían producir 77,5 TWh/a en total. Se toma como premisa que este potencial de generación eléctrica se podrá incorporar sin mayores problemas técnicos al parque de generación y a la estructura actual de generación eléctrica.

Generación termoeléctrica. Por el momento, Venezuela posee 3,1 GW de capacidad instalada en diferentes centrales eléctricas (a vapor, gas y diésel), lo que equivale a un potencial técnico de generación eléctrica de 29,5 TWh/a.

6. Los escenarios

Para el año 2050 se podría esperar una producción termoeléctrica de 101,8 TWh/a, valor que corresponde a una generación eléctrica acumulativa, a partir de una capacidad térmica instalada de 10,7 GW [Pacheco 04].

6.3.2 Costos de la energía renovable y nivel de precios de energía

Además de hacer una comparación entre las ofertas de energía, también es posible comparar los costos correspondientes de las diferentes opciones de fuentes de energía, y el nivel de precios de energía a partir de los combustibles fósiles.

Sin embargo, para esto se debe tener en cuenta que la "calidad" de la electricidad generada con tecnología fotovoltaica o eólica es distinta a la de la energía eléctrica generada en centrales eléctricas convencionales. Por una parte, la generación eléctrica eólica y la solar se caracterizan frecuentemente por grandes fluctuaciones, y solo pueden ajustarse a la demanda con un gran esfuerzo técnico, por ejemplo, mediante el uso de acumuladores. Por otra parte, tal generación eléctrica renovable se caracteriza por contar con una reducida capacidad de sustitución [Kaltschmitt 91], es decir, que solo puede reemplazar a las centrales eléctricas en cierta medida. Evidentemente, esto también ocurre con otras opciones de energía renovable; por ejemplo, la energía obtenida a partir de paja o de restos de madera solo puede ser comparada de manera limitada con los combustibles fósiles debido, entre otras cosas, al diferente grado en que se encuentra disponible y a su calidad.

Los costos reales de transformación de energía para Venezuela, de generación eléctrica mediante energía fotovoltaica, eólica, centrales hidroeléctricas y térmicas, estarían oscilando dentro del orden de magnitud mostrado a continuación:

Energía fotovoltaica	Superficies de techos	~ 31,1 centavos de euro/KWh
	Áreas libres: fotovoltaica (a partir de 5MW)	~ 19,93 centavos de euro/KWh
	Áreas libres: termosolar [BMU 04]	~ 9-16 centavos de euro/KWh
Energía eólica	Zona 2: 4,2 a 5,6 m/s	~ 5,26 centavos de euro/KWh
	Zona 1: > 5,6 m/s	~ 3,13 centavos de euro/KWh
Energía hidráulica	Modernización	~ 2,48-3,5 centavos de euro/KWh
	Construcción nueva	~ 5-15 centavos de euro/KWh
Energía térmica	Centrales termoeléctricas de ciclo combinado	~ 3,07 centavos de euro/KWh
	Gas	~ 2,69 centavos de euro/KWh
	Centrales de carbón mineral	~ 3,46 centavos de euro/KWh
	Centrales de vapor de carbón bituminoso	~ 3,3 centavos de euro/KWh
	Bitumen	~ 2,23 centavos de euro/KWh

Precios para el montaje de las diferentes tecnologías en Venezuela:

Energía fotovoltaica	Superficies de techos	
	En la ciudad	~ 7.000 euros/KWh
	En áreas rurales	~ 14.000 euros/KWh
	Áreas libres: fotovoltaica (a partir de 5MW)	~ 10.000 euros/KWh
	Áreas libres: termosolar	~1.000-1.500 euros/KWh
Energía eólica	Zona 2: 4,2 a 5,6 m/s	~ 810 euros/KWh
	Zona 1: > 5,6 m/s	~ 810 euros/KWh
Energía hidráulica	Modernización	~ 1.000 euros/KWh
	Construcción nueva	~ 6.000 euros/KWh
Energía térmica	Centrales termoeléctricas de ciclo combinado	~ 400-480 euros/KWh
	(Nivel de rendimiento = 58%, 450 MW eléctricos y 200 MW térmicos)	
	Gasoil	~ 230 euros/KWh
	Centrales de carbón mineral	~ 1.200 euros/KWh
	(Nivel de rendimiento = 45%, 800 a 1.000 MW eléctricos)	
	Centrales de vapor de carbón bituminoso	~ 950 euros/KW
	(Nivel de rendimiento = 46-47%, 700 MW eléctricos)	

La generación eléctrica a partir de la energía hidráulica, del gas y de todos los otros combustibles fósiles, se caracteriza por tener los menores costos de transformación de energía por KWh entre todas las fuentes de energía consideradas en Venezuela. Aun cuando son ligeramente más altos, los costos de transformación de energía eléctrica para las nuevas construcciones de centrales hidroeléctricas de agua fluyente son comparativamente bajos en condiciones favorables; sin embargo, en circunstancias menos óptimas, los costos específicos también pueden ser relativamente elevados.

6. Los escenarios

En el caso de una generación eléctrica eólica en un lugar de condiciones favorables, con altas velocidades promedio del viento (> 5,6 m/s), y con las condiciones marco necesarias —es decir, un subsuelo firme, un adecuado acondicionamiento y cortos tramos de conexión hasta el lugar más cercano de alimentación de la red— los costos de transformación de energía también son relativamente bajos. Ante circunstancias menos favorables, estos costos de transformación de energía, en su totalidad, pueden ser también relativamente altos; esto ocurre especialmente cuando, en las regiones descritas de Venezuela, las velocidades promedio anuales del viento se ubican tan solo entre 4,2 y 5,6 m/s.

Por el contrario, los costos de una generación eléctrica fotovoltaica se ubican en un nivel mucho más alto; actualmente se encuentran por encima de los 19 centavos de euros/KWh. Sin embargo, los costos específicos de generación de energía eléctrica mediante centrales solares al aire libre son, en promedio, ligeramente menores que los de las centrales pequeñas, que pueden instalarse en las áreas de techos factibles de ser aprovechadas con tecnología solar.

Aun cuando el aprovechamiento de energía hidráulica y eólica, en circunstancias favorables se caracteriza por tener un costo de transformación de energía comparativamente bajo, en condiciones menos óptimas éstos pueden aumentar considerablemente. Vale la pena comparar los costos mencionados para la transformación de energía de estas energías renovables con los del parque de generación convencional de combustibles fósiles, que se ubican entre 2,69 y 3,46 centavos/KWh.

Por otra parte, la generación eléctrica producida a partir de gas se encuentra en el rango inferior, la que se obtiene a partir del carbón venezolano con carbón bituminoso corresponde a casi la mitad del rango, y la que se obtiene a partir de carbón mineral cubre aproximadamente el rango superior. Sin embargo, en un análisis comparativo de costos de este tipo se debe tomar en cuenta que una generación eléctrica eólica y solar, caracterizada por una oferta fuertemente fluctuante, solo puede compararse en forma limitada con una generación de energía eléctrica convencional. En las centrales eléctricas convencionales es más probable que la capacidad instalada esté disponible en todo momento. Por el contrario, la capacidad de sustitución de la generación eléctrica a partir de tecnología eólica y fotovoltaica es baja. Las centrales eléctricas convencionales pueden suministrar electricidad en todo momento conforme a la demanda existente, mientras que las opciones renovables consideradas, básicamente solo pueden producir electricidad en función de la cantidad de energía disponible.

Si se quisiese suministrar energía eléctrica a partir de esas opciones renovables con una "calidad" comparable a la de una opción convencional, tendrían que incorporarse sistemas de almacenamiento adicionales en grandes cantidades. Esto conlleva aumentos evidentes de los costos de transformación de energía a partir del sol y del viento.

6.3.3 Comparación de los potenciales de generación eléctrica bajo diferentes condiciones

Si se comparan los potenciales técnicos y económicos de generación de las opciones analizadas, se evidencia que la generación eléctrica fotovoltaica está caracterizada por un potencial técnico muy alto; la de energía eólica por un potencial alto; y la de energía hidráulica, así como la de los combustibles fósiles, por un potencial técnico inferior a los anteriores. Al realizar este ejercicio, se supone de manera simplificada que entre las distintas opciones no existen efectos excluyentes, como podría ser una disminución de la superficie factible de ser aprovechada con tecnología

6. Los escenarios

eólica por el hecho de instalar centrales eléctricas fotovoltaicas.

El potencial técnico total de generación eléctrica de todas las fuentes de energía se ubica, bajo estas condiciones marco, en aproximadamente 4.650 TWh/a. Se obtiene en cerca de un 2% del aprovechamiento de combustibles fósiles [Pacheco 04], aproximadamente un 5% del uso de la energía hidráulica, en cerca de un 13% de la energía eólica, y aproximadamente en un 80% de la generación eléctrica fotovoltaica.

Si se comparan las diferencias en la oferta energética de las distintas regiones de Venezuela, se evidencia que los potenciales de generación eléctrica solar constituyen la mayor proporción. Cabe destacar, en este sentido, que el potencial de generación eléctrica solar en las áreas libres está relacionado básicamente con el área de tierras disponibles. Y, por el contrario, el potencial en las superficies de techos siempre es superior al promedio en las regiones donde la densidad de población es comparativamente mayor, es decir, en ciudades de millones de habitantes, como por ejemplo Caracas o Valencia.

En contraste con ello, los potenciales técnicos de la energía hidráulica y eólica en Venezuela están distribuidos de manera muy desigual. Mientras que el norte del país se caracteriza por un elevado potencial de generación eléctrica con tecnología eólica, en el sur predomina un potencial de energía hidráulica.

Sin embargo, en la comparación con la generación de electricidad a partir de combustibles fósiles, se toman en cuenta distintos aspectos. Por ejemplo, en el plazo de un año, la generación de electricidad mediante tecnología hidroeléctrica está caracterizada, en parte, por grandes variaciones en la oferta. Tal generación no es posible en las épocas de estiaje o de crecidas, y el resto del año depende de la cantidad de agua disponible; sin embargo, en el transcurso de un día, las variaciones de la energía eléctrica conducida a la red no suelen ser muy significativas. La situación es completamente diferente en el caso de la generación eléctrica mediante tecnología eólica y fotovoltaica: durante periodos cortos se observan variaciones muy notorias en la oferta de electricidad, debido a las importantes fluctuaciones en la oferta de energía para su generación.

Al mismo tiempo, la energía eléctrica fotovoltaica obtenida de la irradiación solar está en parte caracterizada, durante las horas del día, por un curso determinista que depende del grado de latitud de la ubicación de la instalación y de la estación del año. Además, la energía está afectada por una proporción aleatoria como consecuencia de la cobertura fluctuante en periodos cortos o medianamente largos. La generación eléctrica fotovoltaica no es factible durante las horas de la noche, debido a que la radiación solar difusa cósmica no es aprovechable desde el punto de vista energético. Por otra parte, la generación de energía eléctrica a partir de energía eólica se distingue por presentar diferencias de la oferta mucho más influenciadas en forma aleatoria, las cuales prácticamente no dependen de la hora del día.

Así, cuando llueve lo suficiente, el rango de variación de la generación eléctrica con tecnología hidroeléctrica en función del tiempo es pequeño. En el caso de la generación fotovoltaica, el rango de variación es grande, y es aún mucho mayor para una generación de energía con tecnología eólica, a causa de la rafagosidad parcialmente fuerte del viento, y de la dependencia del rendimiento eléctrico a la tercera potencia de la velocidad del viento. Esto realmente solo funciona para las instalaciones individuales de generación, ya que entre diferentes instalaciones — también entre las que están ubicadas muy cerca la una de la otra — se pueden lograr efectos de compensación y nivelación [Wiese 93].

6.3.4 Potenciales de energía final en Venezuela (2003-2050)

En teoría, según lo anterior, la generación eléctrica total de Venezuela para el año 2003 podría obtenerse a partir de fuentes de energía renovables. Sin embargo, esto no es posible actualmente, debido a las limitaciones técnicas existentes, y en el futuro solo lo sería si se hiciese una importante inversión en tecnología.

Incluso, sin una reestructuración total del modelo actual de suministro eléctrico no se puede lograr que una alta proporción de la generación eléctrica total de Venezuela renovable provenga de la utilización de la energía renovable, tomando en cuenta las comunes fluctuaciones de la oferta —a veces muy significativas—, como la que se obtendría si se aprovechasen totalmente los potenciales de energía eólica y fotovoltaica de las áreas de techos [Beyer 90].

Si bien es cierto al generar energía eléctrica renovable en una superficie extensa las variaciones a corto plazo se reducen aproximadamente en un factor $1/\sqrt{n}$ (n se refiere al número de instalaciones, compárese [Nitsch 90]), la estructura actual de las centrales eléctricas convencionales no permitiría cumplir con las exigencias que se aplicarían en cuanto a las capacidades de regulación y compensación de los sistemas de almacenamiento y de dichas centrales.

Además, el suministro de electricidad a partir del viento y del sol, y en parte también del agua, es distinto al que se hace en una central eléctrica convencional, pues la oferta de energía en los primeros casos registra variaciones. A diferencia de lo que ocurriría en los casos de aprovechamiento de la energía renovable, una central eléctrica convencional puede suministrar energía eléctrica en función de la demanda a cualquier hora del día y de la noche.

A continuación, se presenta un análisis de lo que sería un aprovechamiento combinado de los potenciales de generación eléctrica a partir del sol, del viento, del agua y de los combustibles fósiles, así como una proyección del consumo de energía hasta el año 2050.

Para estimar el rango inferior de los posibles potenciales de energía final de una generación eléctrica a partir de las fuentes ya mencionadas, se parte de la premisa de que se deben evitar las largas distancias en el transporte de la energía eléctrica generada, así como los excedentes de esta. Adicionalmente, las centrales convencionales de base siempre deberán proporcionar 50% de la potencia mínima anual y se parte del hecho de que primero se aprovecha en su totalidad el potencial técnico de generación eléctrica a partir de energía hidráulica y de combustibles fósiles.

La siguiente descripción solo se refiere a la presentación de las nuevas energías renovables en el sector eléctrico venezolano. Las Tablas 6.12 y 6.13 muestran los siguientes resultados:

- *Año 2010.* El gobierno de Venezuela, tomando a 2003 como año base, pronostica un consumo de 128 TWh/a para el 2010. Para ese mismo año predomina, con un total de 82%, la generación de electricidad a partir del agua y de combustibles fósiles (véase Tabla 6.13). Con las limitaciones actuales podrían aportarse al sistema alrededor de 2 GW adicionales de potencia mediante el aprovechamiento de la energía eólica, y con ello una generación de electricidad del orden de 4 TWh/a. Además, también se podrían integrar al sistema de suministro eléctrico venezolano alrededor de 1 GWp de capacidad instalada y aproximadamente 6 TWh/a de generación

6. Los escenarios

eléctrica fotovoltaica y termosolar. Así, se podría cubrir alrededor del 8% del requerimiento de energía eléctrica a partir de las fuentes de energía renovables solar y eólica. En este cálculo se supuso un alcance de 8,1% y no se contempló la aparición de la necesidad de almacenamiento para las energías renovables solar y eólica.

Año 2020. Para este año se podría suministrar una energía final del orden de 20 TWh/a mediante la generación de electricidad a partir de energía eólica y de irradiación solar, lo que correspondería a alrededor de 10% del consumo de energía eléctrica final para ese mismo año. De dicha cantidad se obtienen aproximadamente 8 TWh/a a partir de energía eólica y alrededor de 12 TWh/a a partir de generación eléctrica fotovoltaica y termosolar.

Año 2030. Se parte del hecho de que con una capacidad instalada de 14 GW se habrían aprovechado en su totalidad los potenciales de generación eléctrica de los combustibles fósiles. Aunado a esto, en Venezuela también tendrían que construirse aerogeneradores con una capacidad de alrededor de 8 GW e instalaciones solares de unos 24 GW de capacidad. En estas condiciones, alrededor de 5,6% de la demanda de energía eléctrica final de 287 TWh/a se cubriría a partir de energía eólica, y aproximadamente 8% a partir de la irradiación solar.

Año 2040. En Venezuela, la generación eléctrica se ubicará en casi 385 TWh/a, de los cuales alrededor del 8% se obtendrán a partir de energía eólica y aproximadamente un 12% a partir de energía solar, porcentajes estos que equivaldrían a una generación eléctrica total de 80 TWh/a.

Año 2050. Para este año se espera una generación eléctrica a partir de energías renovables de 160 TWh/a, lo que implicaría que se estarían aplicando estas tecnologías para la producción del 33% de la electricidad.

Aún no existen datos precisos sobre hasta qué punto la penetración posible desde el punto de vista técnico (sin que surja necesidad de almacenar) depende de la capacidad instalada con tecnología solar, eólica, hidráulica y fósil. Por esta razón, estos efectos no pueden ser tomados en cuenta como correspondería, sino que deberán ser objeto de investigación en estudios posteriores.

Año	Consumo (TWh)	Potenciales de generación eléctrica (TWh)				Capacidad instalada (GW)				Generación menos consumo (TWh)
		Fósil	Hidráulico	Eólico	Solar	Fósil	Hidráulica	Eólica	Solar	
2003	90	30	61	0	0	7	13	0	0	0
2010	128	37	68	4	6	9	15	2	1	-13
2020	198	45	73	8	12	11	16	4	3	-60
2030	287	58	91	16	24	14	20	8	6	-98
2040	385	58	114	32	48	14	25	17	12	-133
2050	486	58	137	64	96	14	30	33	23	-131
Potencial técnico final total		60	210	409	2.700	14	46	213	653	

Tabla 6.12: Comparación entre la generación y el consumo eléctrico en Venezuela (2003–2050)

Año	Ampliación (%)			Generación eléctrica (%)			
	Total	Eólica	Solar	Fósil	Hidráulica	Eólica	Solar
2003	0	0	0	33	67	0	0
2010	8,1	3,1	5	29	53	3	5
2020	10	4,0	6	23	37	4	6
2030	13,6	5,6	8	20	32	6	8
2040	20,3	8,3	12	15	30	8	12
2050	33,2	13,2	20	12	28	13	20

Tabla 6.13: Comparación del alcance de la generación eléctrica (%) a partir de energías renovables nuevas, así como de las diferentes fuentes de energía con respecto a la generación eléctrica total en Venezuela (2003-2050)

6.3.5 Costos de energía y nivel de precios en el escenario de combinación de fuentes de energía

Las Tablas 6.14 y 6.15 muestran una comparación de las inversiones en los diferentes tipos de fuentes de energía tal y como fueron presentados en la Tabla 6.13.

La evolución futura de los costos de la energía para tal combinación energética se puede apreciar desde dos ángulos. El primero lo constituyen los costos que implican los sistemas de energías renovables que, al igual que ocurrió en el pasado, también pueden disminuir notablemente en el futuro. Sobre todo, a través de la introducción de la producción en cadena, se prevén que puedan reducirse los costos gracias a procesos racionales de fabricación y al uso de nuevas tecnologías.

Se debe desistir de hacer un pronóstico exacto de la evolución de los precios, por cuanto muchos parámetros desconocidos influyen en ella. Se presenta un estimado general de las inversiones totales que deberá realizar Venezuela hasta el año 2050 en el área de las energías renovables tradicionales y nuevas, así como en combustibles fósiles con miras a la generación de electricidad.

Los ingresos petroleros se calculan tomando 2003 como año base para estimar los montos acumulados que Venezuela podría tener en las diferentes décadas que preceden al año 2050. A partir del año 2020, un barril de petróleo debería costar alrededor de 100 dólares [OPEC 05], y la producción de Venezuela para el año 2025 debería duplicarse (7 MM barriles). También es importante mencionar que los ingresos petroleros de Venezuela constituyen aproximadamente 90% de sus ingresos totales. Para el año 2050 se asume que los mismos serán unas tres veces mayores [Shell 04].

- *Año 2010.* Desde la actualidad hasta el año 2010 se debería realizar una inversión total en energías renovables de 6 millardos de euros para generar la producción eléctrica mencionada anteriormente. Aun así, en Venezuela deberían adoptarse medidas de ahorro por medio de leyes y de la concientización de la población, a fin de lograr un ahorro total de 13 TWh. Todavía esta inversión podría verse como realista.

- *Año 2020.* Para finales de esta década se estima una reducción a la mitad de los costos de las energías renovables, de manera que se podrían aumentar las inversiones en dicho ámbito. Hasta este año podrían haberse invertido alrededor de 3 millardos — aproximadamente 1 millardo en energía eólica y 2 millardos en la generación de energía solar— para lograr la producción prevista en la Tabla 6.14.

6. Los escenarios

- *Año 2030.* Tras la adopción de otras medidas de ahorro adicionales y en un contexto de crecimiento demográfico, en esta última década se desembolsarían 5 millardos para energías renovables. La biomasa, la energía geotérmica, la eólica costa afuera y las minicentrales hidroeléctricas podrían aportar potenciales aún faltantes. El dinero no es un problema. Las primeras instalaciones de la primera década deberían reemplazarse por instalaciones solares nuevas, más rentables y con una mayor eficiencia; y la infraestructura ya existiría para ese momento.

- *Año 2040.* Los aerogeneradores de la primera generación ya habrán sido sustituidos por unos nuevos y más grandes. La inversión será de otros 5 millardos, pero al menos por ese precio se obtendrá una capacidad instalada total de 29 GW en energías renovables. El aumento de la eficiencia en el sector residencial y en otros sectores, gracias a las medidas de ahorro, habrá repercutido muy positivamente. Los 133 TWh calculados como faltantes para el año 2005 según este Trabajo de Grado podrían reducirse mediante la adopción de tales medidas.

- *Año 2050.* Las inversiones totales en la generación eléctrica en Venezuela desde el año 2003 habrán sido de 102 millardos de euros, que corresponden a aproximadamente 12% de los ingresos totales acumulados de Venezuela hasta este año. De este monto total, unos 25 millardos de euros (casi 3% de los ingresos acumulados) corresponderían a las energías renovables. La energía renovable tradicional proveniente de las centrales hidroeléctricas representará casi el 6% de la generación eléctrica. La generación de energía a partir de combustibles fósiles se habrá financiado con el 3,3% del presupuesto total. En comparación con las energías renovables nuevas, los combustibles fósiles ocasionan mayores daños al territorio venezolano. Venezuela ya habrá agotado el potencial total de las centrales térmicas y habrá construido un gran sistema eléctrico descentralizado. Debido a la riqueza en la industria petrolera, Venezuela podría adentrarse en una nueva era de las energías renovables y, por medio de un manejo más eficiente de las nuevas alternativas, que conduzca al ahorro, podría evitar otros daños mayores. Adicionalmente se debería tomar en cuenta el potencial del sector residencial, debido a que habrá aproximadamente 3,8 millones más de viviendas.

- *No hay competencia entre las fuentes de energía presentadas.* Como se mostró, no se produce ninguna competencia entre las distintas tecnologías para la generación eléctrica. A partir del año 2010, Venezuela podría introducir energías renovables y exportar el petróleo producido en el país.

- *Más puestos de trabajo producto del aprovechamiento de los potenciales eólico y solar.* Según los últimos cálculos del gobierno brasileño [Goldemberg 03], la producción de electricidad tiene los siguientes efectos en el nivel de empleo:

6. Los escenarios

Sector (trabajadores/TWh)	Puestos de trabajo
Industria petrolera	260
Petróleo costa afuera	265
Gas natural	250
Carbón	370
Energía nuclear	75
Biomasa	1.000
Centrales hidroeléctricas	250
Minicentrales hidroeléctricas	120
Eólica	918
Fotovoltaica	76.000
Etanol (de caña de azúcar)	4.000

Es evidente que si se suman los aprovechamientos de las energías eólica y fotovoltaica éstas generan un mayor número de puestos de trabajo. Con base en los cálculos, en teoría podrían crearse 1.000.000 de nuevos puestos de trabajo hasta el año 2020.

Ingresos provenientes de la industria petrolera (millardos de euros)	Inversiones en las distintas industrias por décadas en millardos de euros (años de vida útil)							
	Año*	Inversiones acumuladas en la plataforma de hidrocarburos	Hidroeléctrica (200 años)	Eólica (20 años)	Solar (25 años)	Nuevas plantas térmicas (80 años)	Hidrocarburos Costos fijos anuales operacionales (millardos de euros)	Programas sociales (millardos de euros)
16	2003	4	25	0	0	6	1	4
85	2010	28	3	2	4	1	2	28
100	2020	50	2	1	2	2	3	40
130	2030	60	6	2	3	2	3	40
200	2040	70	7	2	3	0	4	40
280	2050	80	6	7	2	0	4	40
811	Potencial final técnico total	292	48	13	14	11	16	192
Gastos totales					394			

Tabla 6.14: Comparación de costos de las fuentes de energía primarias en Venezuela (2003-2050)

*En el caso del año 2003, la cantidad se refiere solo a ese año, mientras que en el caso de las décadas siguientes se presenta la cantidad acumulada de toda la década.

Tipo de energía primaria	Consumo en el año 2002	Requerimientos para el año 2020	Precio (2002) Interno vs. Exportaciones
Gas	578 MMPCGD	3.000 MMPCGD	440/1.700 euros/MMPCGD
Fuel-oil	28.500 barril/día	550.000 barril/día	4,62/17 euros/barril
Gasóleo/diesel	22.960 barril/día	22.960 barril/día	8,38/20,77 euros/barril
Orimulsión en lugar de fuel-oil	28.500 barril/día	550.000 barril/día	3,08/5,58 euros/barril

Tabla 6.15: Comparación de costos de las fuentes de energía primarias en Venezuela en el año 2002 [Pacheco 04]

Energía fotovoltaica		~ 2.700 KWh/KW
Energía eólica	Zona 2: 4,2 hasta 5,6 m/s	~ 1.256 KWh/KW
	Zona 1: > 5,6 m/s	~ 2.102 KWh/KW
Energía hidráulica	Modernización	~ 4.116 KWh/KW
Energía térmica	Centrales termoeléctricas de ciclo combinado (Fuel-oil)	~ 3.973 KWh/KW
	Centrales de vapor de carbón bituminoso	~ 4.158 KWh/KW
	Diesel	~ 13.736 KWh/KW

Tabla 6.16: Generación de energía en Venezuela con las diferentes fuentes de energía para el año 2003 (Los valores de la energía hidráulica y térmica están tomados de [Caveinel 03])

Instagram: @jorge_luis_torres_carrillo

Contáctame por correo electrónico:

jorgeluistorrescarrillo@gmail.com

O escanea el QR

7. Resumen

La presente investigación se ha propuesto recabar información y hacer una descripción sobre los potenciales y costos de la oferta de energías renovables — eólica y solar — para Venezuela, hasta el año 2050. Además, se plantean las posibilidades de un aprovechamiento técnico de la irradiación solar, la energía eólica, hidráulica y de los combustibles fósiles, en relación con los potenciales de generación eléctrica. Luego de haber evaluado los resultados de los análisis de potenciales y costos del sistema eléctrico venezolano actual, podemos llegar a las siguientes conclusiones para las diferentes fuentes de energía consideradas:

Entre las opciones de suministro de energía eléctrica a partir de nuevas fuentes renovables en Venezuela, la generación fotovoltaica se caracteriza por poseer el mayor potencial técnico de generación eléctrica. Sin embargo, debido a los costos específicos de transformación de este tipo de energía en electricidad, que actualmente siguen siendo relativamente altos, su utilización se limita por los momentos, principalmente a aplicaciones a una escala micro.

En Venezuela, la generación eléctrica a partir de energía eólica está caracterizada por un menor potencial técnico, básicamente limitado a las regiones de la costa occidental del país. La generación de energía eléctrica a partir de energía eólica se destaca por implicar costos específicos de transformación de la energía menores a los de otras opciones de generación eléctrica. Hacia el interior del país, las posibilidades de un aprovechamiento de energía eólica son muy escasas, debido a que el nivel de las velocidades del viento es en promedio mucho menor; solo en las regiones montañosas de mediana altura existe una alta oferta de energía eólica.

Entre las opciones de suministro de energía eléctrica en Venezuela a partir de fuentes renovables tradicionales, la energía hidráulica se ha caracterizado hasta hoy en día por presentar el mayor potencial técnico de generación. De hecho, en relación con las posibilidades de obtención de energía eléctrica a partir del sol y del viento, los potenciales técnicos de una generación de electricidad a partir de energía hidráulica son comparativamente altos. Actualmente, se aprovecha la mitad de ese potencial de generación eléctrica y contribuye en un 70% a la cobertura de la demanda eléctrica. La modernización de las instalaciones existentes y la construcción de otras nuevas tendría unos costos comparativamente menores, de manera que desde todo punto de vista existen las posibilidades de consolidar un aprovechamiento hidráulico que respete los intereses de la protección de la naturaleza y del paisaje.

Los potenciales de los combustibles fósiles para cubrir la demanda de electricidad hasta el año 2050 se equiparán con los potenciales de energía a partir de la energía hidráulica para el año 2004. A pesar de ello, en la política energética venezolana se considera la exportación de los combustibles fósiles como una gran ventaja.

El objetivo prioritario de una política energética venezolana con metas a largo plazo y orientada a la mitigación de los efectos negativos sobre el medioambiente y el clima debería ser superar los diferentes obstáculos a fin de mejorar, para el año 2005, las condiciones marco y las limitaciones con miras a una mayor integración de las distintas fuentes de energía renovables al sistema de suministro eléctrico existente. Así, la puesta en práctica de las múltiples posibilidades de un uso más racional de la energía (por ejemplo, mediante procesos más eficientes de producción de esta) permitiría al mismo tiempo eliminar la controversia que existe actualmente con respecto al aprovechamiento de la electricidad en nuestros días.

Instagram: @jorge_luis_torres_carrillo

8. Referencias bibliográficas

[a-Venezuela] http://www.a-venezuela.com/mapas/map/html/reservasenergeticas.html

[Atlas 98] Atlas de Venezuela. Aktualisiert von Gustavo A. Bustillo. S. Marca Grupo Editor Verlag. Caracas – Venezuela. 1998

[Becker 92] Becker, M.; Meinecke, W.: Solarthermische Anlagentechnologien im Vergleich. Berlin: Springer, 1992

[Bendfeld 93] Bendfeld, Jörg: Bestimmung des flächendeckenden Windpotentials im PESAG – Versorgungsgebiet auf Basis der Weibullverteilung. Universität Gesamthochschule Paderboen. Fachbereich 14. Elektrische Energieversorgung. EEV 9312. 1993

[Beyer 90] Beyer: Zum Speicherbedarf in elektrischen Netzen bei hoher Einspeisung aus fluktuierenden erneuerbaren Energiequellen. BWK 42. S. 430 – 435. 1990

[BMU 04] Bundesministerium für Umwelt, Naturschutz und Reaktorsicherheit (BMU): Erneuerbare Energien. Innovationen für die Zukunft. S. 29. Mai 2004

[Carvalho 97] Marques de Carvalho, Paulo Cesar: Photovoltaik- und Windkraftbetriebene Umkehrosmoseanlagen. Dissertation Universität Paderborn, Fachbereich Elektrotechnik, s.5, 1997

[Caveinel 02] Caveinel: Censo 2001 – INE. 2002

[Caveinel 03] www.caveinel.gov.ve

[Censo 01] Censo 2001 – Institio Nacional de Estadística (INE). Datos según Caveinel. 2002

[Censolar 02] Centro de estudios de la energía solar: Jahresgang der mittleren täglichen Einstrahlung für verschiedene Meßstationen in Venezuela. Sevilla. 2002

[Chitty 82] Chitty; Ministerio de Energía y Minas (MEM): Compendio de información eólica de Venezuela 1982; S. 130. Aktualisiert durch MEM-Div. Nvas. Energías 1989.

[DOE 02] US Department of Energy, DOE: International Energy Annual 2000. Washington 2002

[Durán 99] Durán Márquez, Vicente Antonio: Investigación, Desarrollo y Transferencia de Tecnologías Apropiadas en Fuentes Alternas de Energía para Beneficio de Comunidades Rurales. Universidad Nacional Experimental Francisco de Miranda. Decanato de Investigación Centro die Investigación en Tecnología Industrial y Pesquera. Laboratorio de Energías no Convencionales. Area de Tecnología, Programa de Ingeniería Industrial. 1999

[ECLAC 04] ECLAC; GTZ: Renewable Energy sources in latin America and the Caribbean – Situation and policy proposals. LC/L. 2132. 19 Mai 2004

[Esso 03] Exxon Mobil Central. Europe Holding GmbH: OELDORADO 2003. http://www.exxonmobil.de/. Sigma Druck & Design GmbH, Ilsenburg.

[Fac 94] Fachinformationszentrum Karlsruhe (Hrsg.): Energieautarkes Solarhaus. BINE Projekt Info-Service Nr. 18/1994

[Geyer 89] Geyer, M.; Klaiß, H.: 194 MW Solarstrom mit Rinnenkollektoren. In: Brennstoff, Wärme, Kraft Bd. 41, Nr. 6, S. 2, 1989

[Goldemberg 03] Goldemberg, José: Einführender Vortrag und Moderation –Neue Ära nach Johannesburg?.

8. Referencias bibliográficas

2. Internationales Symposium Zukunftsenergien für den Süden. Wissenschaftspark Gelsenkirchen. April 2003

[GTZ 02] Deutsche Gesellschaft für Technische Zusammenarbeit (GTZ) GmbH: Wind Energy Colombia. Environment and Infrastructure Division. www.gtz.de/energy. Eschborn. Deutschland. 2002

[Hau 88] Hau, E.: Windkraftanlagen – Grundlagen, Technik, Einsatz, Wirtschaftlichkeit; Springer, Berlin, Heidelberg, New York, 1988

[Itaipu 96] Itaipu Binacional (Hrsg.): Itaipu – Eines der Sieben Wunder der Neuzeit. Foz do Iguaçu (Brasilien) 1996

[Jarras 81] Jarras, L.: Strom aus Wind- Integration einer regenerativen Energiequelle. Sringer, Berlin, Heidelberg. 1981

[Kaltschnitt] Kaltschnitt, M; Voß, A.: Kapazitätseffekte einer Stromerzeugung aus Windkraft und Solarstrahlung; Elektrizitätswirtschaft 90 (1991), 8, S. 365 -371

[Kleemann 93] Kleemann, M.; Meliß, M.: Regenerative Energiequellen. Berlin: Springer, 1993

[Lanzadera 04] www.lanzadera.com/vazparweb; Historia de la electricidad en la República Bolivariana de Venezuela. 2004

[Lafontant 90] Lafontant: Distribución Territorial del Ppotencial solar en Venezuela. MEM. 1990

[Lynch 02] Lynch, Richard: Energy Overview of venezuela. http://www.fe.doe.gov/international/Western%20Hemisphere/venzover.html

[MEM 90] Ministerio de Energía y Minas de Venezuela (MEM), Lafontant: Distribución territorial del potencial solar en Venezuela. S. 44. Atlas climatológico de Venezuela, von Goldbrunner-MD. 1990

[MEM 01] Miniesterio de Energía y Minas de Venezuela (MEM): Aporte para el plan energético nacional. Juli 2001

[MEM 04] www.mem.org.ve; Ministerio de Energía y Minas. República Bolivariana de Venezuela (MEM). 2004

[Mexiko 04] Secretaria de Energía (Hrsg.): Renewable Energies in Mexico. Mai 2004

[Metzler 92] Metzler-Poeschel: Statistisches Jahrbuch 1992, Statistisches Bundesamt (Hrsg.). Stuttgart. 1992

[Nitsch 90] Nitsch, J; Luther, J.: Energieversorgung der Zukunft; Springer, Berlin, Heidelberg, New York, 1990

[OPEC 05] www.opec.org

[OPSIS 04] www.opsis.org.ve

[Pacheco 04] Pacheco Simanca, José Luis:Sistema capitalista mundial y polo de poder latinoamericano. Editorial Melvin A.A Verlag. Caracas –

Venezuela. 2004

[Pachner 02] Heinrich, Pachner; Marc, Kerstin; Martin, Samain: Die Erdölwirtschaft Venezuelas, Geographische Rundschau 54, Heft 11, 2002

[PNUD 02] PNUD: Indice de Desarrollo Humano 2002

[Petroguia 03] www.petroguia.com.ve

8. Referencias bibliográficas

[Quaschning 00] Quaschning, Volker: Systemtechnik einer Klimaverträglichen Elektrizitätsversorgung in Deutschland für das 21. Jahrhundert. Düsseldorf: VDI Fortschritt-Bericht Reihe 6 Nr. 437, 2000

[Quaschning 03] Quaschning, Volker: Regenerative Energiesysteme. Carl Hanser Verlag München. S. 23. Wien. 2003

[Riutort 02] Riutort, Matías: La pobreza en el Trienio 1999 – 2001. IIES – UCAB. April 2002

[Sparkasse-Ingolstadt 03] www.sparkasse-ingolstadt.de/dnld/blb/finanzanalysen/ Europaeische_Oelwerte_3.pdf: Gaspreise

[Schiel 90] Schiel, W.; Benz, R.; Keck, T.: Parabolkonzentrator mit Stirlingmaschine. In: Brennstoff, Wärme, Kraft Bd. 42 Nr. 3, s 13-26, Juli 1999

[Shell 04] www.shell.com

[Varela 02] Besuch bei der Energie Ministerium von Venezuela, Abteilung Regenerativen Energien, Direktor der Abteilung Herr Pablo Varela, Interview, April 2002

[Windenergie 04] http://www.wind-energie.de/informationen/informationen.htm

Ing. M. Sc. Jorge Torres
Teléfono: + 49 151 57515132 (Alemania) /
+351910806204 (Portugal)
LinkedIn:
https://www.linkedin.com/in/jorgeluistorrescarrillo

**Jorge Torres en LinkedIn.
¡Por favor escanear el código QR!**

9. Anexo

9.1 Lista de tablas

Tabla 2.1: Datos sobre la electrificación en Venezuela. 1947-2002 [MEM 04] 24

Tabla 4.1.: Porcentaje de energía hidráulica en la generación de electricidad de algunos países [DOE 02]; [ECLAC 04] 63

Tabla 4.2.: Características técnicas de la central hidroeléctrica de Itaipú [Itaipú 96] 64

Tabla 4.3.: Características técnicas de la central hidroeléctrica del Guri (Venezuela) [OPSIS 04] 64

Tabla 6.1: Regiones de Venezuela y sus superficies utilizables para la generación eléctrica mediante centrales fotovoltaicas y termosolares. 99

Tabla 6.2: Cálculo del potencial técnico de energía final 103

Tabla 6.3: Costos específicos de transformación de electricidad a partir de diferentes centrales eléctricas fotovoltaicas 107

Tabla 6.4: Distribución de las regiones de Venezuela según las superficies con similares velocidades del viento y las superficies utilizables (en km² y a una elevación de 10 m sobre el suelo) 111

Tabla 6.5: Potenciales técnicos de superficie para la instalación de aerogeneradores en las diferentes zonas de Venezuela 119

Tabla 6.6: Exponentes de rugosidad para distintos tipos de relieve según la Convención Europea de la Construcción Metálica 125

Tabla 6.7: Extrapolación de las velocidades del viento, de 10 m a 46 m de altura según Hellmann..........................125

Tabla 6.8: Potenciales de generación de electricidad mediante energía eólica por área en Venezuela...............126

Tabla 6.9: Cálculo del potencial de energía final con tecnología eólica hasta el año 2020 127

Tabla 6.10: Inversiones, gasto anual, montos totales anuales de producción de energía y costos correspondientes de transformación de electricidad para el parque eólico Jepirachi 130

Tabla 6.11: Comparación de los costos específicos de transformación de energía en las zonas analizadas de Venezuela..131

Tabla 6.12: Comparación entre la generación eléctrica y el consumo eléctrico en Venezuela (2003–2050)................144

Tabla 6.13: Comparación del alcance de la generación eléctrica (%) a partir de energías renovables nuevas, así como de las diferentes fuentes de energía con respecto a la generación eléctrica total en Venezuela (2003-2050).....145

Tabla 6.14: Comparación de costos de las fuentes de energía primarias en Venezuela (2003-2050)..................150

Tabla 6.15: Comparación de costos de las fuentes de energía primarias en Venezuela en el año 2002 [Pacheco 04] 150

Tabla 6.16: Generación de energía en Venezuela con las diferentes fuentes de energía para el año 2003 (Los valores de la energía hidráulica y térmica están tomados de [Caveinel 03]) 151

9.2 Lista de figuras

Figura 2.1: Así pudo haberse visto la iluminación de la Plaza Bolívar [Lanzadera 04] 16

Figura 2.2: Capacidad instalada en Venezuela. 1947 - 2002 25

Figura 2.3: Generación eléctrica (GWh) en Venezuela. 1947-2002 25

Figura 2.4: Crecimiento de la población en Venezuela. 1947-2002 26

Figura 2.5: Representación de los vatios instalados por habitante en Venezuela. 1947 - 2002 27

Figura 2.6: Representación de los KWh/habitante/año en Venezuela. 1947-2002 27

Figura 2.7: Red eléctrica de alta tensión de Venezuela [MEM 04] 28

Figura 2.8: Interconexión de alta tensión con Colombia [MEM 04] 35

Figura 2.9: Interconexión de alta tensión con Brasil [MEM 04] 35

Figura 2.10: Interconexiones de alta tensión con Colombia 36

Figura 3.1: Pérdidas eléctricas en diferentes países de Latinoamérica (2002) [Labbe 02] 44

Figura 3.2: Problemática del nivel del agua en la central hidroeléctrica del Guri de enero de 2001 a mayo de 2003 [OPSIS 04] 46

Figura 3.3: Consumo per cápita de energía eléctrica en algunos países (Miles de KWh/per cápita/año) [Labbe 02] 47

Figura 4.1.: Dado energético [Quaschning 03] 52

Figura 4.2.: Esquema de funcionamiento de una central de colectores cilíndricos parabólicos [Quaschning 03] 54

Figura 4.3.: Esquema de funcionamiento de una instalación de disco parabólico [Quaschning 03] 56

Figura 4.4.: Esquema de funcionamiento de la chimenea solar [Quaschning 03] 58

Figura 4.5.: Diagrama de una bomba de calor de compresión [Quaschning 03]. 70

Figura 5.1: Evolución demográfica en Venezuela hasta el año 2050 [UN 02. Elaboración propia]. 76

Figura 5.2: Balance de energía en Venezuela. 2001-2020 [Gobierno de Venezuela, Ministerio de Energía y Minas, 2000] 78

Figura 5.3: Consumo de electricidad en Venezuela por sectores (escenario hasta 2050) 79

Figura 6.1.: Reservas de las fuentes de energía convencionales en Venezuela [a-Venezuela] 85

Figura 6.2: Fundamento para definir los conceptos de potencial [Wiese 93] 90

Figura 6.3: Irradiación diaria promedio en Venezuela (cal/cm²/día). Período 1951-1970 [MEM 90] 96

Figura 6.4: Comportamiento anual de la irradiación diaria promedio para la zona de Coro (Estado Falcón) en Venezuela [Censolar 02] 97

Figura 6.5: Zonas con iguales velocidades promedio del viento en Venezuela (según [CHITTY 82]) 109

www.ingramcontent.com/pod-product-compliance
Lightning Source LLC
Chambersburg PA
CBHW071404210526
45465CB00001B/247